U0828641

全国学会内控管理建设指导手册

中国科协学会服务中心　编著

中国社会出版社
国家一级出版社·全国百佳图书出版单位

图书在版编目（CIP）数据

全国学会内控管理建设指导手册／中国科协学会服务中心编著．—北京：中国社会出版社，2021. 6
ISBN 978-7-5087-6540-2

Ⅰ．①全…　Ⅱ．①中…　Ⅲ．①科学技术协会—内部—组织工作—中国—手册　Ⅳ．①G322. 25-62

中国版本图书馆 CIP 数据核字（2021）第 080420 号

书　　名：全国学会内控管理建设指导手册
编 著 者：中国科协学会服务中心

出 版 人：浦善新
终 审 人：李　浩
策划编辑：孙武斌
责任编辑：杨春岩　朱永玲

出版发行：中国社会出版社　**邮政编码：**100032
通联方式：北京市西城区二龙路甲 33 号
电　　话：编辑室：（010）58124829
销售部：（010）58124848
传　真：（010）58124829
网　　址：shcbs. mca. gov. cn
经　　销：各地新华书店

中国社会出版社天猫旗舰店

印刷装订：中国电影出版社印刷厂
开　　本：170mm×240mm　1/16
印　　张：13. 5
字　　数：173 千字
版　　次：2021 年 6 月第 1 版
印　　次：2021 年 6 月第 1 次印刷
定　　价：56. 00 元

中国社会出版社微信公众号

编委会

前　言

为深入贯彻落实习近平总书记在两院院士大会和中国科协第十次全国代表大会上的重要讲话精神，服务高水平的科技自立自强，推动中国科协所属全国学会、协会、研究会（以下简称全国学会）高质量发展，中国科协学会服务中心进一步聚焦靶心、突出重心，积极探索学会治理能力现代化的标准与路径，围绕为科技工作者服务、为创新驱动发展服务、为提高全民科学素质服务、为党和政府科学决策服务的职责定位，不断提升服务学会的方式和内涵，推进学会向世界一流学会迈进。

学会是科协的组织基础，学会工作是科协的主体工作，必须紧紧抓住学会这个“牛鼻子”，突出学会治理结构和治理方式改革这个重点，加强学会规范化建设，强化学会办事机构风险识别意识和风险防范能力，建立健全学会内控管理制度建设，激发学会创新热情和创造活力，全面推进学会组织方式、运行机制创新，提升学会创新和服务能力，切实增强学会在科协事业发展中主体地位和作用的重要保障。

本手册坚持需求导向，围绕全国学会在内控管理方面存在的痛点问题入手，梳理知识重点及相关案例、规范要点，指导学会规范内部建设。手册主要从内控管理、内控管理制度、风险管理、风险评估与风险识别、信息沟通、监督评价、制度建设、重要内控事项的规范化管理、党政相关制度规范要点、运营管理制度规范要点、人力资源制度规范要点和基础管理制度规范要点十二个方面，围绕学会日常管理运营场景，进行通解、案例、解析的立体解说。

本手册是中国科协学会服务中心首次对学会内控管理制度建设进行系统梳理，从选题、撰写到成册，反复讨论，几易其稿，凝聚了众多专家学者和学会工作者的集体智慧，可作为全国学会负责人制定、修订和完善内部管理控制制度的辅助参考。

由于本手册编写时间紧迫，水平有限，内容难免有不足之处，敬请广大读者批评指正，以便不断修订完善。

中国科协学会服务中心

2021 年 6 月

目　录

第一章　内控管理

1. 内控管理

内控管理是学会依照法律法规、规范性文件和章程的相关规定，为保证、维持日常运营活动的正常秩序，提升团队工作效率和规避不必要的风险，对内部信息流、人员流、资金流、资产流进行标准化、流程化监管而采取的一系列管理措施的集合。

通解：内控管理从文义上可解释为内部控制和制度管理，其中，控制是手段，制度是依据。内控管理作为学会运营管理的重要组成部分，只有全部实现秩序、效率、安全的管理目标，才可以认为内控管理富有成效。

案例：某新成立学会规模较小，人少事多。秘书长非常注重制度建设，通过学习和借鉴其他学会的成功经验，制定了众多内部管理制度。但经过一段时间，这位秘书长却发现团队工作效率不但没有提高，还出现相互推诿的情况。

分析：方法是为目的服务的，没有最完美的制度，只有最适合的管理。新成立学会的首要任务一方面是对内要稳定团队，另一方面是对外要拓展业务。“一岗多职”“一专多能”是团队的常态，更适合采用扁平化管理模式，管理流程尽可能简化，制度宜精不宜多。内控管理按照内容对象可以分为日常控制和特别控制，按照重要程度可以分为核心控制和辅助控制，按照功能阶段可以分为预防控制、发现控制和补救控制，按照流程进度可以分为事前控制、事中控制和事后控制。在这个阶段，内控管理“三目标”中安全是排在首位的，该秘书长应当组织管理层和骨干学习法律法规和规范性文件，特别是禁止性规定。

2. 内控管理的目的

内控管理旨在规范学会的内部组织和管理行为，引导学会及其理事（常务理事）、监事、秘书长、高级管理人员及其他相关人员遵守法律、行政法规、规章制度等文件，建立健全科学严谨的内部控制制度，完善权力制衡和沟通协调机制，提升工作管理效能，主动防范运营风险，履行信息公开义务，积极承担社会责任，采取有效措施保护会员合法权益，促进学会高质量发展。

通解：内部控制是在一定的内外部环境下，学会为了提高运营效率、充分有效地获得和使用各种资源，在学会内部实施的各种制约和调节的组织、计划、程序和方法。通常学会内控管理可实现 5 个方面的目的：一是保证运营管理合法合规；二是防范运营风险，保证资产安全；三是保证财务报告及相关公开信息的真实完整；四是提高内部工作效率和运营绩效；五是促进和保障实现长期发展战略。

案例：某学会秘书长具有丰富的大型国企部门管理经验，在担任学会秘书长工作后，与理事会、监事会和会员代表保持密切联系，围绕资金往来制定严格的管理流程；定岗定责开展业务提升培训，明确绩效评价标准。经过努力，该学会实现了会员数量和业务收入的双增长。

分析：内控管理是学会管理体系的重要组成部分，管理的核心诉求是安全和发展。因此，内控管理的宗旨是严控内部流程保安全和提升团队效能促发展。该秘书长针对学会内部实际情况，采取的一系列针对性举措，皆属于内控管理体系重构和制度健全范畴。

3. 内控管理的内容

学会内控管理主要包括人力资源、会员管理、制度管理、项目（活动）管理、财务会计控制和运营管理控制等方面。其中，财务会计控制涵盖会计事项的各个方面，主要是为了防止侵吞学会财产和其他违法违规行为的发生；运营管理控制覆盖发展、服务、管理、运营的各部门和各环节，主要是为了促进和保障学会发展、资产增值和目标实现。

通解：广义地说，学会所有内部的运营管理行为皆为内控管理行为；需要按照非营利组织（学会）相关的政策法律法规开展工作，内控管理的对象是学会可支配的人、财、物和信息等生产要素或运营资源。内部控制管理的两个方面从功能作用上看，财务会计控制聚焦在“减损保值”，运营管理控制重点在“发展增值”。

案例：某学会秘书长具有现代服务企业的成功管理经验。入职后参照过往经验，进行了全方位业务管理改革，重点梳理和构建了业务方面的内部控制体系和激励措施。一方面“锱铢必较”降成本，花好每一分钱；另一方面“广开钱路”增收入。但迟迟打不开局面，还因为违规涉企收费等违规问题被相关部门约谈。

分析：学会作为科技社团，非营利性是其基本属性。新任管理者混同非营利组织与企业的概念和管理方式，对非营利组织（学会）的认识需要学习，在管理工作中按照非营利组织的政策法律法规的要求开展工作，在财务工作中需执行《非营利组织会计制度》，做好会费管理、资产管理等方面的工作。

4. 内控管理的模式

常见的学会内控管理模式有三种：一是会员导向的结构模式；二是项目导向的结构模式；三是业务导向的结构模式。不同学会在不同发展阶段，应采取其中单独一种或多种混同的内控管理模式。

通解：内控管理模式是一种体系结构，是学会管理行为的一般方式，具体包括管理方法、管理模型、管理制度、管理工具、管理程序等。既然被称为“模式”，就意味着是针对学会具体情况，总结出的可重复遵循的、行之有效且具有阶段稳定性的内控管理行为方式。

案例：某学会随着快速发展，职工人数和承接项目数量不断增加。学会秘书长发现人多了但干活的人却少了。其认为建会初期的亲情化管理已经完全不适用，所以进行了部门制改革，将学会下设财务部、会员部、行政部和办公室。试行一段时间后，情况虽有改观但不明显。

分析：同一家学会不同发展阶段的理念应当一脉相承，管理模式也应有延续性地渐变革新。即使是同样的管理模式，在不同学会也要进行适应性的调整。该秘书长意识到了变革的必要性，但没有结合学会以举办学术活动为主要工作内容的实际情况，导致会员部经常加班，其他部门闲来无事的问题。其应当根据学会实际采取项目导向的结构模式，实行“全员项目制”为主，兼顾“部门职能制”的运营管理方式，这样会取得更好的成效。

5. 内控管理与内部治理的区别

学会的内控管理与内部治理的根本目标都是为了实现办会宗旨和社会效能最大化，它们之间是互为联系又相互区别的关系。其中，内部治理解决的是代表权和决策权的问题，主要是规范和理顺会员（代表）大会、理事（常务理事）会、监事会、执行机构（秘书处）之间的关系，通过制衡来约束和管理决策者的行为。内控管理主要是执行机构（秘书处）日常运营管理行为的集合。

通解：内控管理与内部治理在行为目标、控制对象、管理内容、使用手段、规则体系和应用场景等方面皆存在明显差异。内部治理主要解决的是授权的合法性、公平性、合理性问题；内控管理主要解决的是行权的秩序、流程、效率问题。抑或是说，内部治理聚焦的是顶层架构的设计和运行；内控管理更关注执行团队的协调和管理。

案例：某学会秘书长同时兼任学会副会长，负责秘书处的日常工作。该秘书长认为秘书处就是单纯的执行机构，事无巨细皆要通过常务理事会审议或请示理事长批准同意，导致学会决策效率不高、管理成本增加。

分析：上述问题的出现，直观上是内控管理问题，但根源在于内部治理结构的授权不足或是该秘书长主动“放弃了”依授权进行自主决策的权力。学会本来施行的是秘书长负责制，但在其执行过程中却演变成了理事会负责制。

第二章 内控管理制度

6. 内控管理制度

内控管理制度是学会围绕管理、业务活动，针对相互关联的环节，内部颁布执行的相互制约、相互考证、相互促进的措施、方法和规则流程。内控管理制度是现代管理学进步的产物，是学会在日益复杂的外部环境中，为增强自身竞争力，不断优化管理控制规程，持续提升工作效率、服务质量和规避风险能力的行为准则归集。

通解：学会内控管理制度是其内部颁布执行制度的重要组成部分。制定内控制度的目的是为了控制流程和管理环节。内控制度执行的成效是为了提升效率、质量和安全。内控管理制度是一系列制度规范的集合，通常包括合理的职责分工制度、明确的审批检查制度、严谨的财务会计制度、健全的运营管理制度和严格的保管保卫制度。内控管理制度可以决定学会对外提供服务、数据和资料的合法性、准确性和可靠性。

案例：某学会秘书长将内控管理简单地理解为财务会计管理，制定了周全严谨的财会制度、内审制度和保密制度，但经过一段时间，却因合同执行、过度宣传等原因被诉违约，处以行政处罚。

分析：该秘书长的主要问题在于只偏重财务管控，忽略了内控管理的其他内容。一般来说，内控管理制度按其对象目的不同，可分为会计控制和管理控制。会计控制是指与保护财产物资的安全性、会计信息的真实性和完整性以及财务活动合法性有关的制度；管理控制是指为保证运营方针、决策的贯彻执行，在各流程环节以提升业务运营效率性、效益性、成果性为目标的有关制度。会计控制与管理控制不是各自为政、互不相容的关系，而是相互配合、相互支撑、相互考证的关系。有些制度规范既可以用于会计控制，也可以用于管理控制。

7. 内控管理制度的局限性

内控管理是学会依据制度规范对内部运营行为控制和管理的体系行为。完善的内控管理制度不但能够有效梳理、推动主要运营管理行为，还能有力约束、警示关键岗位人员。但内控管理制度不是万能的，有其局限性。

通解：评价制度的好坏，主要是看其能否实现运营管理目标，这就要求内控管理的目标要与战略发展目标契合。制度是命令和要求，其成效除取决于制度本身的科学严谨程度外，更取决于执行过程中的落地执行程度。内控管理制度的局限性主要体现在管控目标分散、管控条线偏离、成本效率失衡、业务衔接脱节等方面。直白地说，就是出现了“没管到正地方”“管理权限交叉”“管控过于呆板严苛”“与实际情况不符”等情况。

案例：某学会秘书长制定的资金管理制度和日常事务管理制度过于烦琐，用于审批的表格众多，却忽视了快速发展会员数量和提升学会服务水平。

分析：内控管理制度的制定和执行既要立足于学会当前发展阶段，又要服务于学会阶段战略发展规划。该秘书长根本的问题在于其构建的内控制度体系与学会的阶段发展目标存在较大偏差。内控制度如果定位不准，忽略了整体性、辅助性、同步性，不但可能违背初衷，而且还有可能掣肘学会发展。一项专门的制度，不但要涵盖某种运营管理行为的决策、执行、监督、反馈等各个环节，还要兼顾管控力度与工作效率和时间成本之间的平衡。制度不在于繁简，关键在于是否好执行落地。

8. 内控管理制度的主要内容

学会要施行内部控制管理，制定系列制度，重点应聚焦在组织架构、职责分工、授权审批、财务管理、资产保护、职工培养、预算管理和信息公开等重要环节。

通解： 宏观层面，内控管理制度的主要内容就是学会要重点管控的那些方面；中观层面，内控管理制度的主要内容就是学会在某一方面要建立什么样的流程和标准；微观层面，内控管理制度的主要内容就是围绕一个流程、一项标准要把关哪些具体环节。

案例： 某学会针对运营管理过程中出现的问题，委托专业咨询机构进行制度体系建设。该咨询机构参照服务中小企业内控管理制度，只是进行了适应性修改和调整，就交予该学会。一段时间后，学会发现许多制度在审批授权等方面与运营实际有诸多不匹配、不相符的地方。

分析： 科学的内控管理制度要结合学会的管理风格、业务范围和重点问题，明确一般授权和特别授权的责任、权限以及每项具体业务的审批程序，不能简单地照搬企业的内控管理制度。

9. 内控管理制度的核心要素

内控管理制度的核心要素是指影响内控管理制度制定、颁布、执行效能的内外部要素。一般包括内部环境、风险评估、控制活动、信息沟通和控制监督等方面。

通解： 核心要素是内控管理制度发挥效能的重要条件。内部环境包括治理结构、机构设置、权责分配、文化氛围和人事政策等；风险评估包括目标设定、风险识别、风险分析和风险应对等；控制活动包括分工控制、授权控制、审批控制、预算控制、财务控制、绩效控制、信息控制和宣传控制等；信息沟通包括信息收集、信息传递、信息确认和信息反馈等；控制监督包括监督机构、监督机制、监督检查和改进措施等。

案例：某学会新聘任秘书长发现学会在部门分工、财务审批、绩效评价等方面存在诸多不恰当的规定，因此，上任不久，该秘书长就决定以严格的绩效考评为抓手，全面对学会制度进行调整和修订，以期杜绝现有问题再次发生。

分析：制度变革如颁布律法一样，应当具有滞后性，就是对重复出现问题的规范和干预。任何管理行为特别是全局性的管控行为的施行，一定要考虑时机和方式。恰当的时机和方式即核心要素的具备是发挥内控制度效能的前提基础。在执行机构负责人发生新旧交替时，新任负责人的首要工作应是加强沟通、了解情况、熟悉业务和稳定团队，当内外部核心要素基本具备时，才应当针对紧迫问题完善健全制度。该学会新任秘书长略显操之过急。

10. 内控管理制度建设的内外部条件

内控管理制度建设的内外部条件就是学会决策层着手启动内控管理制度建设的内部触发条件和外部遵循条件。

通解：内控管理制度建设的外部条件就是指政策法规环境，也就是说内控管理制度的目的、宗旨、内容都不能与政策要求相违背，也不能与现行法律法规相抵触；而内控管理制度建设的内部条件是指影响制度质量和实施效能的发展战略、治理结构、管理理念、授权流程、职责分工和人事政策等。

案例：某学会秘书长因病离职，新秘书长到岗后力图通过制度更新，将人权、财权、物权的管控进一步强化，以快速改变学会运营管理状况。但该秘书长的管理理念与学会的长期管理习惯产生了冲突，制度更新未取得预期效果。

分析：内外部条件是指对建立、加强或削弱内控管理制度产生重大影响的各种因素，主要是关键内部条件。内部条件的好坏直接影响到学会内控管理制度的制定和执行以及学会阶段运营目标及整体战略目标的实现。内部条件不满足，制度建设就往往可能是事倍功半；条件具备，制度建设不但可以强化内控管理的成效，同时还可以降低管理成本。上述内控制度建设因为管理理念的冲突，导致关键内部条件不完全具备，成效不显著。

第三章 风险管理

11. 风险管理

风险管理是通过特定的程序，对可能给学会带来损失和伤害的运营管理事项进行识别、评估和处理的过程。风险管理的目的是基于预判，用最少的资源防范和化解运营管理过程中可能出现的危机或损害。

通解：学会对外开展活动的过程中，一定存在各种风险，无非就是风险切实发生与否以及危机发生后可能损害的大小程度。风险管理一是要识别可能风险的轻重缓急，依次进行处理；二是试图用最小的代价化解最大的危机；三是采取措施避免风险事项的重复出现。

案例：某学会会员流失现象严重，经研判，主要原因在于服务体系不健全、精准服务能力不足、人员流动性大等。因此，学会决策层决定，一方面加强培训，稳定团队，提升服务能力，团结会员；另一方面识别服务管理中的风险点和疏漏点进行整改提升。经过努力，学会会员的凝聚力显著提升，服务体系日趋健全，会员数量稳步增长。

分析：现实中，风险要么源于学会内部的不规范、不健全，要么源于外部的恶意或意外。风险的可能性、危害性不尽相同。因此，学会采取了最为恰当的内控手段和防范措施。也就是在既定目标不变的前提下，改变行为的决策流程和方案的实施路径，从根本上消除特定的风险因素或降低风险发生的可能性及其危害性。有效的风险管理有利于学会作出科学决策，有利于保护学会资产安全和完整，有利于帮助学会实现运营发展目标。

12. 风险管理的对象

风险管理的对象就是各种可能发生或转化的风险。通常来说，学会的可能风险包括服务风险、业务风险、财务风险、法律风险、政治风险、人事风险、技术风险、环境风险等。

通解：风险管理也称为管理风险，是学会通过对可能风险事项的研判、干预，要么减小风险程度，要么延缓风险向危机转化的进度。一旦风险转化为危机，就意味着必然会导致损失或伤害，这个时候最重要的就不是风险管理而是危机处理，其目的在于尽最大可能降低危机带来的损害。在危机处理过程中或在危机度过之后，可同步进行风险管理，以避免风险的再次发生。

案例：某学会会员数量较多，社会影响力较大。为方便管理和服务，该学会基于其所在领域的业务联系和合作关系，以授权、委托、冠名等方式广泛进行合作。由于考虑不周全、管控不严格，有相当部分的合作单位利益为先、各行其是，处于“失控”状态，导致该学会品牌和口碑受损严重，牵涉诸多法律纠纷。

分析：从理论角度来说，风险管理研究的是某类社会主体在进行社会活动过程中可能面临的各种风险，并通过揭示各种风险的产生、发生、转化机理，提出风险控制、处置和规避的建议，以满足社会主体安全和发展的需求。而在应用管理层面，风险管理一般聚焦在某类社会主体的高发风险或重大风险的防范措施上面。对外合作就是学会在运营发展过程中问题频发、风险较大的领域，亟待从“人治”转为“法治”，由“松散”转为“严密”。特别是在签订对外合作协议过程中，要将合作方的义务、违约事项和违约责任规定得严谨具体。

13. 风险管理的机制

风险管理的机制是指在学会运营管理过程中，可能产生的风险构成、运营管理要素与风险识别、估测、评价、处理之间的相互关系和作用机理。

通解：机制就是交互行为的规律。风险管理的机制就是解决风险是什么、从哪里来、又到哪里去的系列行为手段。风险管理的机制构建，目的在于基于系统原理最大效能地应用各种风险管理手段，以尽可能少的代价对风险进行有效控制和妥善处理。

案例：某学会学术活动较多，非常注重宣传工作。为完整、如实、精彩地宣传学术活动主题、规模和成效，特别组建了宣传部门，制定了文字内容三审流程，以规避宣传可能导致的风险。但在2019年底，该学会收到了一份“过度宣传”的行政处罚通知，同时接到了一份“图片侵权”的起诉书。经该学会秘书长反思倒查，发现宣传内容的审查没有包括用语的合法性，也没有涵盖图片的合法性，存在重大疏漏。

分析：风险管理的机制构建是为了有预见地识别风险、客观地评估风险和有效地处置风险，实现防患于未然的目的。上述案例中，学会在识别风险的环节，因为不知道法律规定和内容审查范围不全出现了风险识别死角。学会秘书长以此事为契机，对内控制度进行了全面修订和完善。这种亡羊补牢的做法也是机制的一部分。

14. 风险管理与内控管理的区别

风险管理与内控管理既有功能区别又有重叠联系。从现实的发展趋势来看，虽然风险管理与内控管理有逐渐融合的趋势，但是风险管理涵盖学会的内外部全部可能风险，而内控管理更倾向于通过制度建设对内部风险进行管控。

通解：风险按照发生的可能性，可分为固有风险和意外风险。固有风险是学会开展某项运营管理活动必然要面临的风险；而意外风险是在运营管理过程中预料之外出现的风险。无论是固有风险还是意外风险，学会都应当采取一系列的风险管理行为来防范、规避、转嫁和对冲。在这些风险管理行为中，学会对内部运营管理活动进行控制的举措的集合就是内控管理。

案例：某学会严格按照法律法规和行业规范，结合工作实际，围绕提升服务和财务管理制定了完备的内控制度。制度实施一段时间以后，学会风气、风貌得到一定改观。但是，随着业务活动的增加，出现了法律纠纷和信息泄密的情况。

分析：学会风险管理与内控管理都要紧紧围绕发展战略、治理结构、会员服务、业务发展、财务会计、法律规范等方面进行。学会的内部管理制度是一套周密、严谨、通顺的制度体系，可谓牵一发而动全身。随着学会的发展，风险防范要点和管控重点也会发生明显变化，内控管理和风险管理重点都应该进行阶段性调整，以适应外部交往增多带来的新情况、新问题。

第四章 风险评估与风险识别

15. 风险评估

风险评估是指在潜在风险存续期间，即风险尚未真正转化为危机、危害、危险之前，对学会在信誉、财产、氛围、业务、战略等方面可能造成的影响和损失进行量化评测估算的工作。风险评估通常包括两方面内容：一方面是风险转化的可能性，另一方面是转化后可能带来的危害强烈程度。

通解：从安全的角度来说，风险评估是对学会行为及其结果所面临的威胁、存在的弱点、造成的影响进行评价。可以是三者之一的单项评估，也可以是三者的综合评估。从风险管理体系来说，风险评估是风险管理的基础，是进行内控制度建设的重要参考。

案例：某学会专职人员较少，为降低人员成本，秘书长将出纳的职责、行政的职责交由同一职工承担。一年以后，学会秘书长发现秘书处办公经费报销偏高，办公用品损耗偏多。

分析：根据内控管理的通常要求，在确定组织架构和进行职能分工的过程中，应当遵循不相容职务相分离的原则。就如财务部门岗位设置时，要求会计和出纳不能由一人兼任。在日常运营管理流程设置中，需涵盖授权、审批、核准、执行、记录和检查等独立步骤，形成闭环平衡才能较好地防范风险。该学会相当于出纳、会计、采购、库管等多个岗位由一人担任，严重违背了不相容职务相分离的原则，极易发生弄虚作假、以权谋私的行为。在学会人少事多的现实情况下，可以按照重要性原则，将不相容职务交由不同的职工负责。

16. 风险识别

风险识别是指为穷尽学会运营管理行为可能面临的风险种类而采取的一系列研判行为。一般情况下，风险识别包括获知、分析和确认三个环节。

通解：风险识别不是为了判断风险的有无，其主要目的是为了确认学会某类决策可能面临的全部风险和每项风险可能导致的危险或危害种类、数量、程度。即通过识别判断可能面临哪些风险，这些风险的内涵、实质、危害都是什么。风险识别是进行风险评估的前置管理行为，风险识别确定的对象就是风险评估的对象。

案例：某学会决定与具备丰富会展经验的企业在某国合作举办大型国际学术交流活动。但在组织过程中，接连遇到专有技术设备无法入关，在当地取得的收入无法汇回国内等问题。

分析：风险识别的最基础条件就是要掌握相应的知识、资讯和信息。在国际交流合作过程中，目标国在财税、用工、外汇、物流、环保等方面的禁止性规定，皆是需要重点考虑的风险因素，应当逐项进行识别和分析。此外，风险管理的各个环节都要遵循独立性原则，切忌像该学会一样，认为企业经验丰富而不独立进行风险识别。风险识别通常可以采用风险清单法、流程图分析法、现场调查法、财务报表分析法、事件树分析法、可行性分析法等。

17. 风险评估的作用

风险评估的作用主要包括以下四个方面：一是更加准确地认识风险的可能性和危害性；二是按照相应标准确定风险等级；三是用于权

衡风险代价和处置收益；四是通过量化的描述作为管理层决策参考之用。

通解：评估是手段不是目的。风险评估就是要通过一定的程序和方法，将潜在的转变为有形的，将模糊的转变为明确的，将未知的转变为有准备的。管理者通常不在意评估的技术和过程，而更关注评估的代价以及结论的准确性。评估最主要的作用就是作为学会管理层决策参考的依据。

案例：某全国学会与著名会展公司签订长期委托协议，由会展公司负责在京外组织开展学术交流活动。学会管理层认为该会展公司规模较大、口碑较好，因此未进行细致调查和风险评估就签订了为期三年的委托协议。但在协议执行后期，该会展公司出现了以学会名义超范围经营的情况，给学会带来不利后果。

分析：学会在开展合作活动时，涉及使用本学会名称、标识的，应当在合作前对合作方进行必要的调查了解，对合作内容做好风险评估，并通过法律文件予以约束。上述案例中，学会不但未对该会展公司进行深入调查了解，而且一次性就签订了为期三年的长期协议。建议学会在商业合作过程中，除非确有必要，即使风险评估结果可接受，也最好就事论事，一事一约。

18. 风险评估的内容

风险评估的内容就是对已经识别确认的风险进行整体测评和估算。具体包括预测风险转化的概率、可能导致的负面影响、主体承受能力和确认风险等级、处置的优先级以及推荐相应的消减措施。

通解：风险评估的内容也可称为风险评估的行为内容，换种说法，就是对某个主体或某种行为进行风险评估时，为了得到可靠的评估结果，应当开展的系列工作。执行风险评估的内容是为了获得评估结论。

案例：某学会的中层管理人员流失较为严重，已成为制约该学会发展的瓶颈。该学会认为招聘流程、薪酬制度和企业文化都不存在大的问题，百思不得其解。

分析：在运营管理过程中，任何一个重要决策或选择都需要进行风险评估。只不过有的是凭经验的快速评估，有的需要认真调查考量，还有的需要委托专业机构。其实，管理层的主要工作就是在重复不断地作思考、选择、评估、决策和授权。人员聘用也是一种决策，同样要进行风险评估，不但要包括学历、经历和能力等，还要包括职业规划、家庭状况和现实需求等。该学会的问题就在于招聘和任用中层干部的过程中，只关注对学历、经验和能力的评价，而忽略了对其现实需求、职业规划和成长空间等可能导致风险的评估。

19. 风险评估的方法

风险评估的方法是指按照风险评估的内容，对风险评估对象进行评测估算所采取的技术手段或技术规程。

通解：风险评估方法的本质就是相应的技术手段或技术规章流程的选用。风险评估方法的选择要么是为了提升效率、降低成本，要么是为了提高评估结论的可靠性、具象性、指导性。评估主体应当根据不同的对象、目的，采用不同的风险评估方法。

案例：某学会收到了一家图片公司委托律师发来的律师函。律师函告知，该学会未经合法授权，在网站上使用了其原创图片作品，如不在规定期限内赔偿其 20000 元，就将该学会诉至法院。首先该学会采用损害程度评估法，发现即使确认发生侵权，赔偿金额也不会超过 5000 元，所以决定回复正常应诉；最终双方以3000元诉前调解成功。之后该学会采用内部风险排查法，将版权不确定的图片一律删除，制定了相应的图片使用管理办法。

分析：风险评估方法包括风险因素分析法、模糊综合评价法、内部风险排查法、专项定向复核法、转化概率评价法和损害程度评估法等。该学会经过评估确定了侵权损害的上限，进而作出了积极应诉、力争和解的处理决策。风险因素分析法的一般流程为：调查判定风险源→识别风险转化条件→确定转化条件是否具备→估计风险发生的后果→得出风险评估结论。内部风险排查法通常是在某种风险显现且可能重复存在的情况下，在评估主体内部进行专项检查和排除，避免重复受损。

20. 风险评估结论的应对措施

风险评估结论的应对措施可以简称为“风险应对”，就是在得出风险评估结论以后，根据风险的性质、等级和评估主体的承受能力，决定回避、承受、降低、分担或对冲风险的行为决策。

通解：简单地说，风险评估结论的应对措施就是根据评估结论，权衡利弊进行决策和管理的过程。风险应对决定了评估主体的现实态度和未来行动，也可称为风险应对策略。风险应对通常需要考虑危险和危害的可规避性、可转移性、可缓解性、可接受性、可对冲性。

案例：某学会决定大量发展会员，提升会员服务能力，积极组织学术交流活动。一方面总结过往运营过程中的经验教训；另一方面聘请专业机构进行辅导，针对品牌使用、费用支出、服务质量等高频风险点，制定相应的制度，采取必要的管控措施，已取得较好的成效。

分析：风险应对的结果不一定是彻底消除、化解了风险，而是通过采取系列措施将风险降低至可接受、可承受的程度。该学会的系列风险管理举措就促成了科学、审慎决策的效果。风险应对一般包括提高重视程度、制订行动计划、执行应对措施、修正风险等级和重新进行评估等步骤。在部分情况下，实现风险管理目标的途径不止一条；有些风险必然发生，避无可避，这个时候就要量力而行，审慎决定。

第五章 信息沟通

21. 内控管理的行为激励

内控管理的行为激励是学会为了实现内控管理目标、推行内控管理制度、养成内控行为习惯、达成内控管理成效而对管理对象采取的一系列刺激和鼓励措施。

通解：学会应当针对识别出的各种风险，根据风险评估结果，设计和建立有效的风险管理体系，并且还应当动态地关注、分析发展过程中的各种不确定因素及其演变转化，适时调整内控策略。但无论采取何种内控策略，其成效从学会内部来讲，主要取决于各部门、各层级职工的认同和执行程度。激励措施的主要目的是营造内控制度执行的氛围，鼓励遵守执行制度的员工，惩戒违反制度规范的行为。

案例：某学会在服务会员过程中，频繁接到投诉，存在会员流失的严重风险。为此，该学会秘书长频繁开会三令五申，并制定了严厉的处罚措施。但会员投诉情况没有得到明显改善，反而有逐渐加剧的倾向。

分析：内部风险的最大来源是职工的不当行为。针对服务投诉问题，该学会秘书长依靠宣贯倡导、处罚约束是远远不够的。其更应当细化行为标准、提供办法工具、给予奖励处罚等精神或物质的推动和助力。通过上述手段，可以激发职工的能动性，强化、固化正确的工作流程和行为方式，进而实现管控目标。简单地说，激励应当既要有对善意行为的正向激励，又要有对恶意行为的逆向激励，以及对中性行为的引导激励。因此，内控管理的本质是对内部人行为的约束和引导，前期主要靠制度规范，后期主要靠氛围营造。

22. 内控管理的流程

内控管理的流程是指实施相关内控管理行为的先后次序、权限分配和协调机制。

通解：内控管理流程是开展相关工作的动态程序要求。一方面是在跨层级、跨部门、跨团队之间的协作过程中提升工作效率的需要；另一方面是依据权限和分工，完成某项具体工作需要经历的过程次序。通常，内控管理从前到后，要完成管理制度化、制度流程化、流程岗位化、岗位职责化、职责表单化、表单信息化的完整进程。

案例：某学会新任秘书长聚焦会员服务、制度建设和业务拓展等方面展开工作。在内控制度建设的过程中，几乎全盘否定了包括薪酬制度在内的所有现行制度，按照自己的管理思维重新制定了若干新的制度。没过多久，学会职工出现情绪波动、连续离职等状况。

分析：一般对于内控管理制度建设存在两个误区，一是认为内控管理就是财务管理，二是认为内控管理就是重新制定一套制度。从内部控制的本意来讲，是运用内控的方法手段对现行管理制度的流程进行梳理和再造，至少可以实现查遗补漏、循序渐进的管控目标。而薪酬制度的制定、修订对于员工来讲是利益最直接相关的管理事项。该学会应尽可能充分利用现有奖惩制度的弹性，将其微调、修订后，作为内控管理行为激励的依据和抓手。

23. 内控管理的信息沟通

内控管理的信息沟通是指作为管控内容的各种信息，被识别、采集、传递、反馈、完善的动态过程。

通解：内控管理的主要目的是防范风险和提升效率，那么作为识别风险的前提基础和推进工作的前置条件，某层级决策者获取相关信息的合法性、及时性、完整性、关联性和参考性至关重要。相关信息不仅包括学会内部产生和流转的数据、资料，还应当包括对外披露和发布的报告和数据。可以说大多数的管理效率问题源自信息沟通的效率低下。

案例：某学会成立初期，施行“一张嘴、一支笔”的扁平化集权管理，取得了较为快速的发展。在学会进入快速发展期以后，秘书处设立了相关职能部门，但仍然保留着直接向秘书长请示汇报的工作习惯。经过一段时间，学会整体工作效率呈下降趋势。

分析：虽然说“一张嘴、一支笔”的扁平化管理，信息交互效率高，但更适用于学会成立初期。在快速发展期，其虽然是可以继续使用的管理风格，但案例中出现的问题在于管理层级增加，内控管理流程和信息沟通流程却没有进行适应性的改变，还在坚持当面请示汇报和秘书长主观评价的工作习惯，导致了向下授权不充分、信息沟通效率低、真实性难以保证的问题。该学会可采取纵向垂直授权和部分横向授权相制约的组织架构，利用网络化审批工具使内控信息得到快速有效的传递，这将直接提升其整体管理效能。

24. 内控管理需要的信息

内控管理需要的信息是指有助于决策参考、效率提升、绩效考核、奖励处罚等管理行为的一切数据、文字、图片、影音等内容素材。

通解：信息即有效内容。内控管理需要的信息是在确定内控管理对象、执行内控管理制度、施行内控管理行为、实现内控管理目标过程中产生的能够被学会负责人感知、接受和分析的一切形式的实质内容素材。更直白地说，内控管理需要的信息就是学会负责人能够看到、听到、读到、感受到的一切与内控管理相关的有效资讯。信息的有效性主要取决其真实性、完整性、相关性、准确性。正确的信息不一定会产生正确的决策，但错误的信息一定会导致错误的决策。因此，真实性是评判信息有效性的最关键指标。

案例：某学会招聘试用了两名秘书长助理，为了检验他们的文字功底和悟性潜力，招聘负责人要求他们尽快以合适方式向他每天呈报学报摘要。助理 A 从接到任务后的第三天开始就以电子文档汇编的方式，按照专业、属地等分类缩编后发至负责人邮箱；而助理 B 迟迟没有提交，直至第十天才呈报第一份摘要，但当即就受到了负责人的表扬，最终提前转正担任负责人助理。原来助理 B 不但自学了微信简报的制作方法，而且选择的简版素材都是与学会学术研究和业务发展密切相关的内容，还提出了自己的建议和见解。

分析：内控管理信息按照来源不同，分为内部信息和外部信息。其中，内部信息主要包括章程制度、财务信息、会员信息、业务信息、人事信息及其他信息等；获取渠道是各职能部门的计划总结、财会报告、建议反馈、监督检查等；沟通的途径包括口头交流、书面传达、网络共享等。外部信息主要包括政策法规、监管信息、用户反馈、同业资讯、新闻报道等；获取渠道是公开文件、会议座谈、中介机构、媒体网络、分支建议、外部来访等。内部信息的获取和应用目的相对而言是有章可循的；但外部信息是驳杂纷乱的，在接收获取后，一定要围绕学会运营发展需要进行辨识、分选、加工后才能够起到参考、指引的作用。助理 B 的前期调研摸底和后期加工建议，会增加信息的适用性，对学会产生更高的价值。

25. 内控管理信息沟通的方式

内控管理信息沟通的方式是指为实现有关信息在学会内部各层级、各部门之间及学会与外部会员、相关部门、用户之间的有效传递，而采取的方法和应用的载体。

通解：信息沟通的方式是在确定沟通目标、沟通对象和沟通内容以后，选择如何进行沟通以保证沟通效果的载体和途径。信息沟通方法根据不同诉求通常分为如下类型：一是正式沟通与非正式沟通；二是纵向垂直沟通与横向水平沟通；三是单向沟通、双向沟通与多向沟通；四是语言沟通与非语言沟通；五是书面沟通与口头沟通；六是单独沟通与集体沟通等。信息沟通载体可以分为言语、文字、数字、表格、图形、影像、肢体等。

案例：某学会存在这些问题：文字记录、文字资料相对较少，没有进行集中存档和备份；员工在工作中低级的错误重复出现；管理层指令执行走样；特别是在人员流动后，相应工作还需从头再来等。

分析：建立有效的信息沟通方式，要从沟通环境、沟通渠道、沟通方式及沟通反馈等多方面进行统筹考虑。有效信息沟通的特点表现为沟通频率较高、沟通时间较短、沟通内容具体、沟通方式灵活、沟通平等深入、沟通反馈及时。学会应当建立横向和纵向交互通畅、贯穿整个学会的信息沟通系统，确保运营目标、风险策略、控制措施、员工职责、运营状况等各种信息在内部有效传递和在外部有效交互。除此之外，学会内部职工应当通过记录、纪要、总结、报告等方式，将口头零散或在职工头脑中的经验固化保存下来，并广泛推广出去，降低重复劳动和人员流动风险。

26. 内控管理过程中的信息沟通实现

内控管理过程中的信息沟通实现是指通过采用有效的管理沟通策略，确保沟通效果，提升工作效率，实现运营管理目标。

通解：信息沟通实现是信息沟通效果的达成。一方面学会信息沟通的体系、机制、策略、方式、载体要能够覆盖内部运营管理的各个方面；另一方面要采取合适的载体、工具，尽可能提升信息沟通的速度和避免内容完整性、准确性的衰减。简单地说就是最高决策层与最基层执行主体之间的有效信息沟通保障与实现。

案例：某学会秘书长认为在内控管理过程中，最关键的是各种管理和业务行为的流程化、标准化和规范化。因此牵头制定了几十种表单，实现了凡事有申请、凡事有标准、凡事有检查、凡事有反馈的“四个凡事”工作模式。但学会氛围和工作效率不升反降，“四个凡事”被学会员工戏称为“四个烦事”。

分析：管理方法和手段都是为目标结果服务的。管理的“度”也就是“火候”更为重要。流程化、标准化、规范化是尽可能防范风险的理想状态，“三化”的实现并不一定会促使工作效率的提升，更不一定会促进业务服务的发展。该学会的问题出在“凡事”过于绝对上面。并不是所有的内外部管理运营事项都能够实现“三化”。只有那些主观干预少、重复出现多、衍生价值低、占用人力高的程序事项和量化要求，才更适用“三化”。在实现“三化”的基础上，学会管理层还应该善于授权。在避免自身缺位、越位、错位的前提下，结余更多的精力和时间，创造性地投入到重大决策、重要事务中去。

第六章 监督评价

27. 内控管理的监督

内控管理的监督是指学会对整体或某一特定事项、过程、环节进行监察和督导，促使内控管理的目标得以实行的辅助管理行为。

通解：多数情况下，由上级对下级进行监督评价；但在民主评议过程中，是从下至上地进行监督评价。其中，从上至下的监督是上级机关对下级部门及其人员采取的非强制性的，能够影响下级部门评价和工作行为的管控活动。监督的形式一般具体包括合法性监督、合理性监督、指导性监督、协调性监督、咨询性监督、警示性监督和责任性监督。

案例：某学会为了降低多项目分散管理带来的风险，在对项目成果进行评价的同时，还在项目执行过程中以定期与不定期抽查相结合的形式，一方面对各项目的预算、报销等方面加强监督；另一方面对项目的服务质量、成效等方面也加强了相应的监督，这使得学会多项目分散管理取得了较好的管控效果。

分析：监督和评价是相互关联、密不可分的。监察是为了掌握具体情况，评价是为了衡量工作成效，督导是为了激励管控行为。简单地说，监督评价就是为了确定奖励、强化、处罚的对象，并为具体管理行为提供依据。监督评价的结果一定要与被监督检查对象的切身利益直接关联起来，才能起到应有作用。上述学会对各项目执行的合法性、合理性以及项目成果进行了相应的监督和评价。但如果对监督评价结果仅仅以批评、警告、表扬等方式处理，会影响监督的长期效果。如果该学会将监督评价结果进一步与预算金额、人员升迁和淘汰退出机制相关联，内控管理监督将会发挥更强效力。

28. 内控管理过程中的监督实现

内控管理过程中的监督实现是指学会为了实现内部管控监督功能和目标而采取的一系列方法和措施。

通解：要实现内控管理的目标，需要通过实行内部控制的监督评价，即对内控管理制度的建立与实施情况进行监督检查，评价内控管理制度的设计和运行的有效性，发现内控管理的短板或缺陷，提出改进措施并监督整改。学会管理一般通过对整体的持续性监察评价、对某一方面或某些方面的专项监察评价和要求被监察对象提交相应的报告及提出有针对性的改进措施来实现。

案例：某学会为了加强对分支机构的管理，一方面采取信息化手段，对分支机构的资金往来、人员任职和活动开展情况进行持续性督察；另一方面要求分支机构每半年提交一次工作总结、每年提交一次工作计划，当分支机构开展重要活动时，还会派人现场协助和督导。通过上述一系列的方法和措施，该学会基本保证了对分支机构内控管理监督目标的实现。

分析：内控管理过程中的监督主要是为了促进提升内部管理的效能。这需要决策层的统一规划、组织、协调，否则就会出现多头监管、重复监管和执行“一刀切”的情况。学会可通过对分支机构定期集中的监督，对发现的普遍问题提出整改建议；可通过对服务质量、涉企收费、资金使用等重点领域开展专项监督，提出监督报告。

29. 内控管理的评价

内控管理的评价是指学会按照一定的标准，对内控管理过程中各层级、各部门的管控或执行行为的成效水平作出定性或定量评估的过程。其目的是发现制度建设、制度执行过程中的缺陷或不合理之处，作为后续工作参考。

通解：内控管理的评价是介于监督和激励之间不可或缺的管理环节，既是对监督结果的具体应用，又可以作为激励的参考依据。内控管理评价既要评价整体的内控管理成效，又要评价个别主体、事项的内控管理绩效。

案例：某学会为了提升内控管理成效，决定定期对各部门进行考核评价。该学会先梳理出各层级、各部门的共性特征，然后制定出一套内容同一的考核标准。在执行一段时间后，虽然学会的整体氛围和员工风貌有所改善，但业务收入和服务质量却没有明显改观。

分析：大部分学会在制定内控管理制度后，运行或执行过程中成效差异较大，究其原因：一是缺乏过程监督，出现“雷声大雨点小”的状况；二是不进行成效评价，出现“干好干坏一个样”的状况；三是出现“水土不服，业务制度两张皮”的状况等。在上述案例中，该学会混淆了“同一”和“统一”的内涵，没有兼顾各层级、各部门工作的个性特征。这就导致了其评价浮于表面，没有与具体运营管理环节深度契合。有效的监督评价应同时满足如下条件：一是覆盖各个层面、方面和环节，不留死角；二是标准、建议明确具体，具有可操作性；三是能够支持管理决策，防患于未然；四是能够兼顾管控和效率，助力整体运营目标实现。

30. 内控管理过程中的评价实现

内控管理过程中的评价实现是指学会对监督过程中发现的内控管理缺陷或短板，在区分不同的性质和成因后提出建议，并向理事会（常务理事会)、监事会或秘书长报告的过程。

通解：评价的目的是为了相对公平、准确地区分出“黑白好坏”和“优良中差”，并追根溯源分析出成因和提出意见建议。内控管理过程中的评价一般遵循：(1) 管控方案与管控目标的一致性；(2) 管控执行进度与管控规划的一致性；(3) 管控行为与管控流程的一致性；(4) 管控行为与管控能力的一致性；(5) 管控成效与管控目标的一致性；(6) 特别注意各层级、各部门的异同。

案例：某学会制定并实施了完善的内控管理制度。为确保实行效果，该学会通常采取定期专项评价的方式进行监督，并进行针对性调整。但该学会进行专项评价的频次偏高，而且时间较为零散，这就导致虽然管控成效较好，但管控成本较高的情况出现。

分析：该学会的问题在于因统筹安排出现了问题，导致管控成本偏高。要实现科学高效的内控管理评价通常要遵循如下步骤：第一步，完善评价领导机制，应成立专班或专组；第二步，统筹制定评价标准，应兼顾计划、预算、业务、服务各方面因素制定细则；第三步，妥善制定评价安排，应采取日常评价与专项评价、定期评价与不定期评价相结合的方式；第四步，合理应用评价结果，应综合考虑各方面因素，实现“以评促进”“以评促建”。

第七章 制度建设

31. 内控管理制度建设

内控管理制度建设是指为了实现内控管理的目标，保证内控管理工作的正常开展，学会依据现行政策法规、章程制度，结合实际，通过制定或修订制度，建立具有强制性和指导性的行为规范体系的过程。

通解：制度从字义上来看，是规范某些行为的标准、流程和激励某些行为的办法及尺度。内控管理制度通常可分为指导性居多的岗位制度和强制性居多的责任制度。岗位制度如《会员管理办法》《人事招聘管理办法》等；责任制度如《费用报销制度》《财政经费管理办法》等。

案例：某学会为了加强内控管理，决定制定并公布一系列规章制度。由于没有相关经验，相关人员就通过网络检索模板和参照书籍起草了若干制度，上报给相关负责人。由于制度管控针对内容与学会实际运营管理差异较大，成效不显著。

分析：制度是代表决策管理层意志的规范文件，制定要具有严肃性、内容要具有权威性、要求应具有执行性。国家政府部门立法都要遵照严格程序，包括通过总结调研明确目的、通过专班起草确保质量、通过征求意见完善内容、通过评审会议颁布生效、通过宣贯解读促进实施、通过反馈修订提升效能。学会进行内控管理制度建设同样要结合学会实际制定，充分调研、完善、征求意见、修订，才能够保证制度的权威性。

32. 内控管理制度建设的内容

内控管理制度建设的内容是指为建立健全学会内控管理制度体系而应当按照程序开展的全部相关工作。

通解：内控管理制度建设是把学会长期以来在运营管理过程中的失败经历和错误经验加以总结和概括，通过查遗补漏、细化分工、流程再造等手段，形成学会各层级、各部门都要遵守的内部规章、制度、办法、标准的过程。学会内控管理制度建设的内容可以概括为：建立健全以章程为根本、以促进发展为核心的内控管理制度体系。

案例：某学会为了加强内控管理，通过与中层干部沟通、向职工发放调查问卷，梳理总结近两年过错损失，参照其他学会经验做法，结合学会会员服务需求和业务发展需要，制定并公布施行了若干制度，由于针对性强，要求具体，奖惩分明，取得了较好的管控成效。

分析：一般来说，内控管理制度建设的科学性和执行的成效性，会直接影响学会创新发展的规范性和可持续性。一套完善的内控管理制度体系要涵盖组织架构控制、职责分工控制、授权审批控制、会计记录控制、资产保护控制、员工培养控制、预算管理控制等诸多方面。制度的多少并不是评价建设内容科学性和成效性的主要指标，可操作、可执行、可评价的具体规定才是重点。

33. 内控管理制度建设的作用

内控管理制度建设的作用是指通过构建学会内控管理制度体系，对内部各层级、各部门之间的关系施加积极影响，实现内控管理行为的制度化、标准化、规范化。

通解：大体来说，制度建设的作用既包括规范作用，以规避风险；又包括促进作用，以提高效率。规范作用是手段，促进作用是目的。内控管理制度的规范作用又可以细分为：（1）指引作用，指引学会内部各种运营管理行为；（2）评价作用，判断、衡量学会管理对象行为的规范性和工作的成效性；（3）教育作用，提升学会员工的职业素养和执业技能；（4）预测作用，通过风险识别可以基本预判行为的不利后果，实现风险防范；（5）强制作用，运用奖惩条款规定，鼓励先进惩罚后进。

案例：某学会在制定内控管理制度时，制度行文中多采用“可以”“建议”等选择性措辞，而“一定”“必须”等强制性用语几乎没有出现，也没有制定具体的奖惩措施与其他现行制度的奖惩条款相关联。

分析：在制度的规范性作用当中，强制作用是其他四种作用的根本保证。没有强制性要求和与之相对应的奖惩措施，仅仅突出教育、引导作用的制度很难取得理想成效。因此，在该学会内控管理制度建设过程中，应当突出强制性要求，并制定对应的奖惩措施。最好能与现行制度相关联，进一步完善关联关系，避免交叉管控。

34. 内控管理制度建设的流程

内控管理制度建设的流程是指在其制定、修改和废止的过程中，应当完成各项相关工作的次序和要求。

通解：内控管理制度建设的流程是学会在制定、修改和废止相关内控管理制度文件的过程中所必须遵循的规定步骤和顺序，具有公开性、平衡性、执行性和自律性等特点。制度建设过程中，要综合考虑和采用道德手段、效率手段、秩序手段、激励手段等，应遵循“规范优先、兼顾效率和秩序、辅以激励”的价值取向。

案例：某学会新任秘书长发现，秘书处现有职工存在工作主动性不强、效率低下的问题。因此，在日常考勤、项目执行、学习培训、业务奖励和服务质量等方面遵循“奖罚分明”的原则，制定了简明具体的规范要求。半年综合考评结果与职工升职提级挂钩。制度运行一段时间后，秘书处职工主动性显著增强，工作效率大幅提升。

分析：制度的制定权是学会管理最重要的一种权利，这种权利既不能“轻授”，也不能一成不变。制度建设本身也是内控管理的核心内容之一。根据章程规定和参照重要性原则，制度建设要么由上级治理机构行使，要么由执行机构负责人统筹行使。一般来说，完备的制度建设流程应当涵盖八个方面的工作：（1）健全领导授权；（2）强化部门责任；（3）推进管理监督；（4）加强能力建设；（5）开展宣传教育；（6）规范建设程序；（7）推行意见征集；（8）强化监督评价。

35. 内控管理制度建设的方法

内控管理制度建设的方法是指学会在制度建设过程中所运用的系统思维、逻辑思维和管控思维。建设方法的运用是否科学严谨，决定了制度建设的渐进性、合理性、正当性和体系性，更关系到整个制度体系能否被学会内部各层级、各部门认可、服从和遵守。

通解：制度建设的方法是内控制度体系建设过程中可选择采用的各种方略和办法。无论应用何种制度建设方法，都应既要保证获得合法授权；又要针对问题、风险提出具体管控措施，并与制度建设的成效目标相契合。管控对象应做到一视同仁，并坚持责权利相一致的原则。

案例：某学会负责人认为进行内控管理制度建设，就要“高站位，高标准，一步到位”。为此，选择了一家业务范围近似的学会做榜样，派专人交流学习，几乎全盘照搬了这家学会的内控管理制度体系。但在执行过程中，出现了“水土不服”的状况。

分析：内控制度建设是一个先“自下而上”反映问题，后“自上而下”引导评价的复合过程。在制定、补充和修订中需要掌握正确的方法，不能全盘照抄，也不能一蹴而就，一步到位。在建设过程中，一是要充分论证，保证其认同性；二是每个学会都有自己的现实需要，要定向聚焦，保证其针对性；三是要充分调查研究，围绕业务服务，保证其实用性；四是要坚持问题导向，涵盖责权利，保证其完整性。建议该学会可采取“边学习、边调研，边执行、边完善”的渐进式制度建设思路，确保内控制度建设的合理性。

第八章 重要内控事项的规范化管理

36. 理事（常务理事）的履职

风险提示：理事（常务理事）具有代表性和决策性两大最根本属性，可以“影响”理事会（常务理事会）的决议、决策。“影响”的强度通常与理事（常务理事）所代表的单位或个人的影响力成正比关系。如果理事（常务理事）滥用自己的“影响”，为自己或关联方输送利益，就会带来极大的运营风险。

案例：某学会为了增强“社企联动，服务创新”的成效，决定按照章程规定的程序，增补一定数量的企业家理事。为了规避任职风险，该学会一方面通过信用信息网和裁判文书网，调查目标人选个人和企业的信用情况；另一方面优先选择积极承担社会责任的企业负责人。通过上述举措，从源头上较好地规避了企业家理事可能给学会带来的风险。

规范要点：

（1）理事（常务理事）应当在调查、获取作出决策所需文件情况和资料的基础上，充分考虑所审议事项的合法性、合规性，对学会的影响（包括潜在影响）以及存在的风险，以正常合理的谨慎态度勤勉履行职责并对所议事项表示明确的个人意见。对所议事项有疑问的，应当主动调查或者要求理事会提供决策所需的更充足的资料或者信息。

（2）理事（常务理事）应当关注理事会（常务理事会）审议事项的决策程序，特别关注相关事项的提议程序、决策权限、表决程序和回避事宜。

（3）理事（常务理事）审议授权事项时，应当对授权的范围、合法合规性、合理性和风险进行审慎判断，充分关注是否超出学会章程、会员（代表）大会议事规则和理事会（常务理事会）议事规则等规定的授权范围，授权事项是否存在重大风险。理事会（常务理事会）应当对授权事项的执行情况进行持续监督。

（4）理事（常务理事）审议重大运营管理事项时，应当详细了解运营管理事项发生的原因，审慎评估运营管理行为对学会财务状况和长远发展的影响，特别关注重大业务事项是否存在通过关联交易非关联化的方式掩盖关联交易的实质以及损害学会和会员合法权益的行为。

（5）理事（常务理事）在审议关联交易事项时，应当对关联交易的必要性、公平性、真实意图、对学会的影响作出明确判断，特别关注业务的定价政策及定价依据，包括评估值的公允性、业务标的成交价格与账面值或者评估值之间的关系等，严格遵守关联理事（常务理事）回避制度，防止利用关联业务调控盈余、向关联人输送利益以及损害学会和会员的合法权益。

（6）理事（常务理事）在审议重大对外投资事项时，应当认真分析投资项目的可行性和投资前景，充分关注投资项目是否与学会主营业务相关、资金来源安排是否合理、投资风险是否可控以及该事项对学会的影响。

（7）理事（常务理事）在审议对外提供财务资助议案前，应当积极了解被资助方的基本情况，如运营和财务状况、资信情况、纳税情况等。理事（常务理事）在审议对外财务资助议案时，应当对提供财务资助的合规性、合理性、被资助方偿还能力以及担保措施是否有效等作出审慎判断。

（8）理事（常务理事）在审议出售或者转让在用的商标、著作权、专有技术等与学会核心价值相关的无形资产时，应当充分关注该事项是否存在损害学会和会员合法权益的情形，并应对此发表明确意见。前述意见应在理事会（常务理事会）会议记录中作出记录。

（9）理事（常务理事）在审议变更捐赠资金用途议案时，应当充分关注变更的合理性和必要性，充分征求或了解捐赠人意愿，在充分了解变更后项目的可行性、成效前景等情况后作出审慎判断。

（10）理事（常务理事）应当监督学会的规范运作情况，发现学会或者学会理事（常务理事）、监事、高级管理人员存在涉嫌违法违规行为时，应当要求相关方立即纠正或者停止，并及时向理事会（常务理事会）报告，提请理事会（常务理事会）进行核查，必要时应当向主管单位以及监管部门报告。不得以不直接从事或者不熟悉相关业务为由推卸责任。

37. 理事长（常务副理事长）的履职

风险提示：一般来说，强势的理事长（常务副理事长）有助于学会上下“拧成一股绳”，但也有可能形成“一言堂”，决策风险加大；而弱势的理事长（常务副理事长）“只在其位不谋其政”，容易割裂治理机构和执行机构的关系，导致顶层设计失效的风险。

案例：某学会理事长由著名的学者担任，平时比较繁忙。学会一方面在秘书长负责制的基础上，进一步梳理理事长审批事项和决策程序；另一方面采取定期书面汇报和不定期口头汇报的方式，保持积极、顺畅的沟通。

规范要点：

（1）理事长（常务副理事长）应当积极推动学会内部各项制度的制定和完善，加强理事会（常务理事会）建设，确保理事会（常务理事会）工作依法正常开展，依法召集、主持理事会（常务理事会）会议并督促理事（常务理事）亲自出席理事会（常务理事会）会议。

（2）理事长（常务副理事长）应当遵守理事会（常务理事会）议事规则，保证学会理事会（常务理事会）会议的正常召开，及时将应当由理事会（常务理事会）审议的事项提交理事会（常务理事会）审议，不得以任何形式限制或者阻碍其他理事独立行使其职权。理事长应当严格遵守理事会（常务理事会）集体决策机制，不得以个人意见代替理事会（常务理事会）决策，不得影响其他理事独立决策。

（3）理事长（常务副理事长）不得从事超越其职权范围的行为。理事长在其职权（包括授权）范围内行使权力时，遇到学会运营可能产生重大影响的事项时，应当审慎决策，必要时应当提交理事会（常务理事会）集体决策。对于授权事项的执行情况，理事长（常务副理事长）应当及时告知全体理事（常务理事）。

（4）理事长（常务副理事长）应当积极督促理事会（常务理事会）决议的执行，并及时将有关情况告知其他理事（常务理事）。实际执行情况与理事会（常务理事会）决议内容不一致，或者执行过程中发现重大风险的，理事长（常务副理事长）应当及时召集理事会（常务理事会）进行审议并采取有效措施。理事长（常务副理事长）应当定期向执行机构负责人和其他高级管理人员了解理事会（常务理事会）决议的执行情况。

（5）理事长（常务副理事长）应当保证全体理事（常务理事）和执行机构负责人的知情权，为其履行职责创造良好的工作条件，不得以任何形式阻挠其依法行使职权。

（6）理事长（常务副理事长）在接到有关学会重大事件的报告后，应当立即敦促执行机构负责人及时履行信息公开和向主管单位汇报的义务。

38. 监事（监事会）

风险提示：监事会主要根据章程赋予的权利，对学会及其决策管理层可能存在的违法或风险运营管理行为进行监督检查，并行使提醒、警示和报告的权利。一旦监事会不能充分发挥作用，学会的内部风险就会急剧加大。在现代内控管理体系当中，监事会承担监督评价的角色。

案例：某学会监事会的监事具有丰富的管理经验，有积极参与学会事务的意愿。学会决策层经过审慎考虑，在不影响监事履职独立性的前提下，邀请监事参与到学会内控制度建设和专项事项监督的工作中来，起到了一举多得、多方受益的良好成效。

规范要点：

（1）监事（监事会）应当对学会理事（常务理事）、执行机构负责人、高级管理人员遵守有关法律、行政法规、部门规章、科协规范性文件和学会章程以及执行学会职务的行为进行监督。监事（监事会）可以列席理事会、常务理事会，对决议事项提出质询或建议，可以检查学会的财务报告。理事（常务理事）、执行机构负责人、高级管理人员应当如实向监事（监事会）提供有关情况和资料，不得妨碍监事（监事会）行使职权。

（2）监事（监事会）在履行监督职责过程中，对违反法律、行政法规、部门规章、科协规范性文件和学会章程或者会员大会（会员代表大会）决议的理事（常务理事）、执行机构负责人、高级管理人员可以提出惩戒、罢免的建议。

（3）监事（监事会）发现理事（常务理事）、执行机构负责人、高级管理人员及学会存在违反法律、行政法规、部门规章、科协规范性文件、学会章程或者会员大会（会员代表大会）决议的行为，已经或者可能给学会造成重大损失的，应当及时向理事会（常务理事会）、监事（监事会）报告，提请理事会（常务理事会）、执行机构负责人及高级管理人员予以纠正，并向科协或者其他有关部门报告。

（4）监事（监事会）应当对理事会（常务理事会）专门委员会的

执行情况进行监督，检查理事会（常务理事会）专门委员会成员是否按照理事会（常务理事会）专门委员会议事规则履行职责。

39. 秘书长

风险提示：大部分学会设有专职秘书处，并同时采取秘书长负责制。在这样的工作机制下，秘书长作为执行机构的负责人，集人、财、物、信息等各种权力为一身，对秘书长自身的品性、能力要求很高。少部分学会的秘书处采用“自负盈亏”的机制，这样容易导致秘书处权限过大，缺乏监督，内部治理结构处于非正常状态。还有极少数学会发起人、创始人，为了避免换届换人，通过担任副理事长和秘书长达成对学会长久的“实际控制”，治理结构“形同虚设”。因此，规范秘书长的履职成为学会内控管理的重中之重。

案例：某学会采取秘书长负责制，秘书长爱岗敬业，能力突出，严谨自律，带领学会取得了较快的发展。该秘书长在履职过程中，严格遵守章程的规定，严格执行理事会的决议，对重大运营管理事项和可能产生关联交易的业务，认真履行相关程序，确保公平、公正、公允。因此，受到秘书处职工和相关各方的一致好评。

规范要点：

（1）秘书长应当采取切实措施保证学会资产完整、人员独立、财务独立、机构独立和业务独立，不得通过任何方式影响学会的独立性。

（2）秘书长应当善意履行职权，不得利用其职权从事有损于学会和学会会员合法权益的行为。

（3）秘书长及其控制的其他企业公司不得利用关联交易、垫付费用、对外投资、担保和其他方式直接或者间接侵占学会资金、资产，损害学会及学会会员的合法权益。

（4）对学会违法行为负有责任的秘书长，应当主动、依法承担责任和赔偿损失。

（5）秘书长应当明确承诺如存在本人及其关联人占用学会资金、要求学会违法违规提供担保的，在占用资金全部归还、违规担保全部解除前不得离职或辞职。

（6）秘书长作出的承诺应当具体、明确、无歧义、具有可操作性，并采取有效措施保证其作出的各种承诺能够有效施行。

（7）秘书长应当保证学会治理机构独立，不得通过下列任何方式影响学会治理机构独立性：一是通过行使提案权、表决权以外的方式影响学会治理机构和高级管理人员人事任免；二是通过行使提案权、表决权以外的方式限制学会理事（常务理事）、执行理事（常务理事）、监事、高级管理人员以及其他在学会任职的人员履行职责；三是聘任学会高级管理人员在其控制的企业担任除理事（常务理事）以外的职务；四是向学会高级管理人员私自支付额外薪金或者报酬；五是无偿要求学会人员为其提供工作职责以外的服务。

（8）秘书长应当保证学会财务独立，不得通过下列任何方式影响学会财务管理独立性：一是与学会共用银行账户进行收付款；二是将学会资金以任何方式存入秘书长及其关联人控制的账户；三是占用学会资金；四是要求学会违法违规提供担保；五是将学会财务核算体系并入秘书长日常管理体系之内。

（9）秘书长不得以下列任何方式占用学会资金或让学会承担不合理的债务风险：一是要求学会为其关联企业垫付、承担工资、福利、保险、广告等费用、成本和其他支出；二是要求学会代其偿还债务；三是要求学会有偿或者无偿、直接或者间接拆借资金给其使用；四是要求学会通过银行或者非银行金融机构向其提供委托贷款；五是要求学会委托其进行投资活动；六是要求学会为其开具没有真实交易背景的商业承兑汇票；七是要求学会在没有商品和劳务对价情况下以其他方式向其关联企业提供资金；八是学会承担对其个人或个别企业的担保责任而损害学会和全体会员的利益。

（10）秘书长及其控制的企业应当保证学会业务独立，不得通过下列任何方式影响学会业务运营独立：一是关联企业与学会进行同业竞争；二是要求学会与其关联企业进行显失公平的关联交易；三是无偿或者以明显不公平的条件要求学会为其关联企业提供商品、服务或者其他资产。

（11）秘书长应当保证学会资产完整和内部治理独立，不得通过下列任何方式影响学会资产完整和内部治理独立：一是关联企业与学会共用主要场地、著作权、非专利技术等；二是关联企业与学会共用业务和会员管理系统；三是关联企业与学会共用机构和人员；四是通过行使提案权、表决权以外的方式对学会理事会（常务理事会）、监事会和其他机构行使职权进行限制或者施加其他不正当影响。

（12）秘书长应当充分保障学会会员的提案权、表决权、理事提名权等权利，不得以任何理由限制、阻挠其合法权利的行使。

（13）秘书长提出议案时应当充分考虑和把握议案对学会和学会会员权益的影响。

（14）秘书长的关联企业与学会之间进行交易，应当遵循平等、自愿、等价、有偿的原则，不得通过任何方式影响学会的独立决策，不得通过欺诈、虚假陈述或者其他不正当行为等方式损害学会和学会会员的合法权益。

（15）秘书长不得利用其对学会的控制地位，谋取属于学会的业务机会。

（16）秘书长应当推动建立信息披露管理制度，明确规定涉及学会重大信息的范围、内部保密、报告和披露等事项。

（17）秘书长不得通过直接调阅、要求相关部门或人员向其报告等方式获取理事会（常务理事会）未公开的重大信息，但法律、行政法规规定的除外。

（18）秘书长对涉及学会的未公开重大信息应当采取严格的保密措施。对应当披露的重大信息，应当第一时间通知学会并通过学会对外披露或向上报告。

（19）秘书长应当慎重对待有关学会的媒体采访或者投资者调研，不得提供与学会相关的未公开重大信息，不得进行误导性陈述，不得提供、传播虚假信息。

（20）学会治理机构向学会秘书长调查、询问有关情况和信息时，秘书长应当积极配合并及时、如实回复，提供相关资料，确认或澄清有关事实，并保证相关信息和资料的真实、准确和完整。

40. 高级管理人员的履职

风险提示：学会高级管理人员的范围应当由章程明确规定，结合当前形势和学会业务特点，学会的高级管理人员应当包括副秘书长、财务部门负责人、会员部负责人、党组织书记（通常兼任副会长或监事长）。每个学会根据职责分工，也可以将与学会运营管理密切相关，能够对学会施加重大影响的岗位在章程中列入高级管理人员的范畴。高级管理人员通常分管学会的重要方面，因此对其履职的规范也相当重要。

案例：某学会决定加强内部控制管理，进一步提升学会的制度化、标准化、规范化水平，由秘书长负责牵头进行内控制度建设。在内控制度制定和执行过程中，学会高级管理人员皆能保持客观公正的态度，主动向秘书长反映情况、表达意见，并带头遵守各项规章制度。

规范要点：

（1）高级管理人员应当严格执行理事会（常务理事会）决议、会员大会（会员代表大会）决议等相关决议，接受执行机构负责人的领导；不得擅自变更、拒绝或者消极执行相关决议。高级管理人员在执行相关决议过程中发现学会存在重大异常的，应当及时向执行机构负责人或者理事会（常务理事会）报告，提请执行机构负责人或者理事会（常务理事会）采取应对措施。

（2）学会出现学会所处行业发展前景、国家产业政策、税收政策、运营模式、服务体系、主要客户和会员需求等内外部运营管理环境发生重大变化的情形，执行机构负责人或者其他高级管理人员应当及时向理事会（常务理事会）报告，充分说明原因及对学会的影响，并提请理事会（常务理事会）按照有关规定履行信息披露义务或报告义务。

（3）执行机构负责人应当切实履行关于信息披露和报告备案相关规定，采取有效措施督促学会建立信息披露事务管理和报告备案制度。

41. 捐赠资金

风险提示：捐赠资金已经成为学会重要的资金来源之一。但由于近年若干公益慈善机构的“爆料”，无约定用途的资金捐赠越来越少。通过签订捐赠协议，附加条件且指定对象、用途的资金捐赠已经成为常态。能否按照捐赠协议履约，合理使用捐赠资金，避免违约已成为学会关心的问题。特别是在学会遇到现金流紧张的情况时，能否“借用”捐赠资金周转，成为亟待规范的管控事项。

案例：某学会接收到某企业一笔资金捐赠，双方签订了捐赠协议，约定了捐赠资金的对象、用途和期限，并确定了违约赔偿条款。在协议执行过程中，该学会遇到资金周转困难的问题，在未征得捐赠企业同意的情况下，学会财务负责人擅自挪用部分捐赠款项用于办公支出。学会秘书长发现上述情况后，一方面及时予以纠正和弥补；另一方面主动向理事会汇报和向捐赠企业通报，较好地化解了由此带来的不利影响。

规范要点：

（1）学会应当按照捐赠协议中承诺的用途计划使用捐赠资金。出现严重影响捐赠资金使用计划正常进行的情形时，学会应当及时沟通协商。

（2）捐赠资金不得借予他人或进行委托理财等财务性投资，不得直接或者间接买卖有价证券；不得将捐赠资金用于质押、委托贷款或者其他变相改变捐赠资金用途的投资。

（3）学会应当确保捐赠资金使用的真实性和公允性，防止捐赠资金被实际控制人、执行机构负责人和高级管理人员及其关联企业占用或者挪用，并采取有效措施避免关联企业利用捐赠资金投资项目获取不正当利益。

（4）学会理事会（常务理事会）应当每半年全面核查捐赠资金项目的进展情况。与约定进度或金额差异超过30%的，学会应当调整计划，并向捐赠人说明情况。

（5）捐赠资金项目出现下列情形之一的，学会应当对该项目的可行性、受益人群等重新进行论证，决定是否继续实施该项目，并及时与捐赠人沟通协商：一是捐赠资金项目涉及的环境发生重大变化的；二是捐赠资金项目搁置时间超过一年的；三是超过最近一次捐赠资金使用计划的完成期限且捐赠资金使用金额未达到相关计划金额50%的；四是捐赠资金项目出现其他异常情形的。

（6）学会决定终止原捐赠资金项目的，应当与捐赠人沟通协商，科学地选择新的捐助项目。

（7）学会以捐赠资金置换预先已投入捐赠资金项目的自筹资金的，

应当经学会理事会（常务理事会）审议通过、会计师事务所出具鉴证报告及监事会发表明确同意意见，并向捐赠人通报说明。

（8）学会闲置的捐赠资金暂时用于补充流动资金的，应当经理事会（常务理事会）审议通过，监事会发表明确同意意见，且应当符合以下条件：一是不得变相改变捐赠资金用途或者影响捐赠资金使用计划的正常进行；二是已归还前次用于暂时补充流动资金的捐赠资金（如适用）；三是单次补充流动资金时间不得超过十二个月。闲置捐赠资金用于补充流动资金时，仅限于与主营业务相关的生产运营使用。

（9）学会用闲置捐赠资金补充流动资金事项的，应当经学会理事会（常务理事会）审议通过，决议应载明如下内容：一是本次捐赠资金的基本情况，包括捐赠时间、捐赠金额、捐赠资金净额及使用计划等；二是捐赠资金使用情况；三是闲置捐赠资金补充流动资金的金额及期限；四是闲置捐赠资金补充流动资金预计节约财务费用的金额、导致流动资金不足的原因、是否存在变相改变捐赠资金用途的行为和保证不影响捐赠资金项目正常进行的措施；五是监事会出具的意见。

（10）学会捐赠资金使用圆满达成约定成效但仍有结余的，在捐赠协议未对结余资金的使用进行约定的情况下，学会应当根据学会的发展规划及实际服务运营需求，妥善安排结余资金的使用计划，提交理事会（常务理事会）审议通过后，及时告知捐赠人。结余资金原则上应当用于相同或者类似的公益目的，或学会主营业务，不得用于委托理财等财务性投资或者开展证券投资、衍生品投资等高风险投资，不得直接或者间接用于买卖有价证券等。

42. 关联交易

风险提示：对关联交易加强管控的目的在于防止理事（常务理

事）、秘书长及其他高级管理人员，滥用运营管理权力与其关联方进行不当交易，导致学会资财或会员权益受损。在现实工作中，关联交易不可避免。加强对关联交易的管控不等于禁止这类行为，而是保证内部交易的真实性、公允性、能效性；力争使学会在关联交易过程中，以市场可比的正常价格，获得同等数量、质量的服务或产品。关联交易管控的难点在于公允性的认定。

案例：某学会为了规避关联交易可能带来的风险，要求秘书处定期将已知和应知的关联方信息进行统计，同时向理事会、监事会备案。而且一方面要求每次关联交易都应当进行多方比价，并记录在案；另一方面要求关联交易必须签订严谨的书面合同，详细规定双方权利义务。并且由监事会每年对关联交易价格的公允性进行抽查、核查。通过上述举措，该学会较好地防范了关联交易可能导致的风险。

规范要点：

（1）学会应当建立健全关联交易内部控制制度，遵循诚实信用、平等、自愿、公平、公开、公允的原则，不得损害学会和会员的权益，不得隐瞒关联关系或者将关联交易非关联化。

（2）学会应当按照有关法律、行政法规、部门规章、科协规范性文件以及其他相关要求的规定，在学会章程或内部管理制度中明确划分学会会员大会（会员代表大会）、理事会（常务理事会）对关联交易事项的审批权限，规定关联交易事项的审议程序和回避表决要求。

（3）学会应当参照相关规定，确定学会关联人的名单，并及时予以更新，确保关联人名单真实、准确、完整。学会及其分支机构在发生交易活动时，相关责任人应当仔细查阅关联人名单，审慎判断是否构成关联交易。如果构成关联交易，应当在各自权限内履行审批、报告义务。

（4）学会在召开理事会（常务理事会）审议关联交易事项时，会议主持人应当在会议表决前提醒关联理事（常务理事）须回避表决。关联理事（常务理事）未主动声明并回避的，知悉情况的理事（常务理事）应当要求关联理事（常务理事）予以回避。学会会员大会（会员代表大会）在审议关联交易事项时，会议主持人及见证律师应当在投票前，提醒关联会员（会员代表）须回避表决。

（5）学会在审议关联交易事项时，应当做到：一是详细了解交易标的的真实状况，包括交易标的运营现状、盈利能力、是否存在抵押、冻结等权利瑕疵和诉讼、仲裁等法律纠纷；二是详细了解交易对方的诚信记录、资信状况、履约能力等情况，审慎选择交易对手方；三是根据充分的定价依据确定交易价格；四是根据相关要求或者学会认为有必要时，聘请中介机构对交易标的进行审计或者评估。

（6）学会不得对存在以下情形之一的关联交易事项进行审议并作出决定：一是交易标的状况不清；二是交易价格未确定；三是交易对方情况不明朗；四是因本次交易导致或者可能导致学会被实际控制人及其附属企业非运营性资金占用；五是因本次交易导致或者可能导致学会为关联人违规提供担保；六是因本次交易导致或者可能导致学会被关联人侵占利益的其他情形。

（7）学会进行关联交易因连续十二个月累计计算的原则需提交会员大会（会员代表大会）审议的，仅需将本次关联交易提交会员大会（会员代表大会）审议，并在本次关联交易报告中将前期已发生的关联交易一并披露。

（8）学会与关联人之间的交易应当签订书面协议，明确交易双方的权利义务及法律责任。

（9）学会理事（常务理事）、监事、秘书长及高级管理人员有义务关注学会是否存在被关联人挪用资金等侵占学会利益的问题，关注方式包括但不限于问询、查阅等。

（10）因关联人占用或者转移学会资金、资产或者其他资源而给学会造成损失或者可能造成损失的，学会理事会（常务理事会）应当及时采取诉讼、财产保全等保护性措施避免或者减少损失，并追究有关人员的责任。

43. 对外投资

风险提示：对外投资是学会在国家法律允许的范围内，利用闲置资金寻求资产保值、增值的重要方式之一。学会拟以本学会资产对外投资时，必须严格履行内部决策程序，并主动进行信息公开。要注意的是，任何一种投资都面临着一定的风险。对外投资如何进行准确核算，及时掌握被投资单位的经营状况、财务状况，尽可能避免投资失败带来的风险是学会关注的焦点问题。

案例：某学会拟以本学会著作权对某一家出版企业进行投资。投资前，该学会负责人聘请了专业机构对目标企业进行了尽职调查，并在投资协议中约定了“业绩对赌”退出机制；投资过程中，每年聘请第三方机构对目标企业进行财务审计，保证了解目标企业的真实经营状况。

规范要点：

（1）学会对外投资的内部控制应当遵循合法、审慎、安全、有效的原则，控制投资风险、注重投资效益。

（2）学会应当在学会章程或内部管理制度中明确会员大会（会员代表大会）、理事会（常务理事会）对对外投资的审批权限，制定相应的审议程序。

（3）学会应当指定专门机构，负责对学会对外投资项目的可行性、投资风险、投资回报等事宜进行专门研究和评估，监督对外投资项目的执行进展，如发现投资项目出现异常情况，应当及时向学会理事会

（常务理事会）报告。

（4）不鼓励学会用自有资金进行证券投资、委托理财或者进行以股票、利率、汇率和商品为基础的期货、期权、权证等衍生产品投资。学会经过慎重考虑后，仍决定开展前述投资的，应当制定严格的决策程序、报告制度和监控措施，并根据学会的风险承受能力确定投资规模及期限。学会进行证券投资、委托理财或者衍生产品投资事项应当由学会理事会（常务理事会）或者会员大会（会员代表大会）审议通过，不得将委托理财审批权授予学会理事（常务理事）、执行机构负责人个人或者运营管理层行使。

（5）学会确有必要进行委托理财的，应当选择资信状况及财务状况良好，无不良诚信记录及盈利能力强的合格专业理财机构作为受托方，并与受托方签订书面合同，明确委托理财的金额、期限、投资品种、双方的权利义务及法律责任等。学会理事会（常务理事会）应当指派专人跟踪委托理财的进展情况及投资安全状况，出现异常情况时应当要求其及时报告，以便理事会（常务理事会）立即采取有效措施回收资金，避免或者减少学会损失。

（6）学会理事会（常务理事会）应当定期了解对外投资项目的执行进展和投资效益情况，如出现未按计划投资、未能实现项目预期收益、投资发生损失等情况，学会理事会（常务理事会）应当查明原因，及时采取有效措施，追究有关人员的责任。

44. 对外担保

风险提示：对外担保的本质是对于他人的债务偿还实施叠加保证，以降低债权人的风险。换种说法，对外担保是他人债务风险的转移或分担。根据风险恒定原理，有一方风险降低，必然意味着关联方风险的增加。而且，通常情况下对外担保是无偿的，属于“义务帮忙”的范畴。对外担保的风险主要有两种：一是为他人抵偿债务，占用资金；二是内部人员恶意担保，转移财产。

案例：某学会高级管理人员由于个人原因，请求学会为其借款提供担保。学会负责人经过审慎考虑，拒绝为其提供担保；但综合考量其任职年限和工作贡献等因素，个人向其出借相当于半年收入的款项，并签订了书面的借款协议。不但规避了风险，还在一定程度上“救了急”。

规范要点：

（1）学会对外担保的内部控制应当遵循合法、审慎、互利、安全的原则，严格控制风险。章程宗旨和业务范围具有公益慈善目的的学会，不得对外担保、作为保证人或者抵押资产。

（2）学会应当按照有关法律、行政法规、部门规章、科协规范性文件和其他相关要求的规定，在学会章程或者内部管理制度中明确会员大会（会员代表大会）、理事会（常务理事会）关于对外担保事项的审批权限，以及违反审批权限和审议程序的责任追究机制。

（3）学会理事会（常务理事会）应当在审议对外担保议案前充分调查被担保人的运营和资信情况，认真审议分析被担保人的财务状况、营运状况、行业前景和信用情况，审慎依法作出决定。学会可以在必要时聘请外部专业机构对担保风险进行评估，以作为理事会（常务理事会）或者会员大会（会员代表大会）进行决策的依据。

（4）学会应当依法明确对外担保的审批权限，严格执行对外担保审议程序。未经理事会（常务理事会）或者会员大会（会员代表大会）审议通过，学会不得对外提供担保。学会应当在学会章程中规定，对外担保提交理事会（常务理事会）审议时，应当取得出席理事会（常务理事会）会议的三分之二以上理事（常务理事）同意。

（5）学会对外担保应当要求对方提供反担保，谨慎判断反担保提供方的实际担保能力和反担保的可执行性。

（6）学会应当妥善管理担保合同及相关原始资料，及时进行清理检查，并定期与银行等相关机构进行核对，保证存档资料的完整、准确、有效，关注担保的时效、期限。学会在合同管理过程中若发现未经理事会（常务理事会）或者会员大会（会员代表大会）审议程序通过的异常担保合同，应当及时向理事会（常务理事会）、监事会报告。

（7）学会应当指派专人持续关注被担保人的情况，收集被担保人最近一期的财务资料和审计报告，定期分析其财务状况及偿债能力，关注其生产运营、资产负债、对外担保以及分立合并、法定代表人变化等情况，建立相关财务档案，定期向理事会（常务理事会）报告。如发现被担保人运营状况严重恶化或者发生解散、分立等重大事项的，有关责任人应当及时报告理事会（常务理事会）。理事会（常务理事会）应当采取有效措施，将损失降低到最小程度。

（8）对外担保的债务到期后，学会应当督促被担保人在限定时间内履行偿债义务。若被担保人未能按时履行义务，学会应当及时采取必要的补救措施。

（9）学会担保的债务到期后需展期并需继续由其提供担保的，应当作为新的对外担保，重新履行担保审批程序和报告披露义务。

45. 对外合作

风险提示：合作在这里专指非业务类，即不需一方提供服务或产品的合作，如共建共管平台、联合发展会员、共同开展活动或者更加宽泛的战略合作等。由于不是必须付出具体的对价，很多学会签署此类合作协议比较随意。殊不知，除了货币资金和资产，学会的口碑、数据、信息、渠道等也具有不可估量的价值；一旦受损，不是偿付现金能够恢复的。其实，签署此类合作协议应当比签署业务合同更加审慎。

案例：某学会与一家公司签订共办学术刊物合作协议，约定由学会负责专业内容、由此公司负责推广运营。为了规避可能出现的风险，在合作协议中学会针对版权归属和使用、学会名称和标识使用限制、补充签订收益分配条款的条件及提前终止协议的若干情形等，经双方协商一致，作出了明确的约定。

规范要点：

（1）学会对外合作的内部控制应当遵循合法、审慎、平等、自愿、互利的原则，控制合作风险、注重合作成效。

（2）学会应当在学会章程或内部管理制度中明确会员大会（会员代表大会）、理事会（常务理事会）对对外合作的审批权限，制定相应的审议程序。

（3）学会应当指定执行机构负责人对学会对外合作的必要性、重要性、可行性、合作风险、权利义务等事宜进行专门评估，监督对外合作的进展，如发现对外合作出现异常情况，应当及时向学会理事会（常务理事会）报告。

（4）不鼓励学会应用会员信息数据、技术秘密、服务平台、特有渠道、品牌商标等作为对价开展对外合作。学会经过慎重考虑后，仍决定开展前述合作的，应当制定严格的决策程序、报告制度和监控措施，并根据学会的风险承受能力确定合作方式及期限。

（5）学会执行机构负责人应当定期了解对外合作的执行进展和风险评估情况，如出现未按约定履约、未能实现合作目标、可能导致学会损失等情况，应及时查明原因并上报学会理事会（常务理事会），及时采取有效措施，追究有关人员的责任。

46. 对外宣传

风险提示：对外宣传是学会为了提高知名度、扩大影响力的运营举措。通常学会不会以“硬”广告的形式进行推广，多以网络自媒体的方式和参加各种会议会展、交流等方式进行宣传。在这个过程中，文字内容的安全性、影音内容的原创性、数据内容的准确性、官方内容的权威性、话术内容的同一性都需要学会重点关注。否则，不但有可能损减学会品牌，而且还可能导致行政处罚或侵权诉讼。

案例：某学会在宣传一次其协办的官方活动时，相关人员为了突出宣传效果，在新闻简报中将“协办”改成了“承办”，又将部分领导讲话内容进行了精简演绎。学会秘书长在稿件投放前，及时发现了上述情况，并对相关人员进行了严肃批评教育，同时编制了新闻简报的撰写规范和审查流程。

规范要点：

学会应当建立、健全对外宣传内部控制制度及程序，保证对外宣传的真实性和安全性：

（1）应当制定对外接待和宣传推广制度，内容至少包括对外接待和宣传推广的组织安排、内容审查、人员分工、禁止行为、保密要求等方面的规定。

（2）学会应当制定对外宣传备查登记制度，对接受或者邀请特定对象的调研、沟通、采访等活动予以详细记载，内容至少包括活动时间、地点、方式（书面或者口头）、双方当事人姓名、活动中谈论的有关学会的内容、提供的有关资料等。

（3）学会如不能判断某行为是否违反宣传法律法规或科协规定的，应当向相关部门咨询。

（4）学会应当将其对外宣传的内部控制制度公开。

（5）学会应当对下述对外宣传的方式进行严格的内容审查，设置审阅或者记录程序。具体包括：召开会员大会（会员代表大会）、新闻发布会、产品推介会；学会或者相关个人接受媒体采访；直接或者间接向媒体发布新闻稿；学会（含分支机构）网站与内部刊物；理事（常务理事）、监事、执行机构负责人或者高级管理人员博客、微博、微信；以书面或者口头方式与相关部门沟通；学会其他各种形式的对外宣传、报告等。

47. 会计政策

风险提示：通俗地讲，会计政策是学会进行账务处理和财务核算的法定规则体系。要求会计政策的选用要遵循一致性、稳定性和延续性。学会的会计核算应当严格遵循《民间非营利组织会计制度》的规定，不得进行会计政策的调整。

案例：某学会新任秘书长发现，学会委托的代理记账机构，会计核算采取的是企业会计制度，而未采用《民间非营利组织会计制度》。经综合考虑，该秘书长结合运营管理需要，决定聘任专职会计，严格按照《民间非营利组织会计制度》进行会计核算。同时，组织学会高级管理人员统一学习了《民间非营利组织会计制度》的具体规定。

规范要点：

（1）学会不得利用会计政策变更和会计估计变更操作财务指标。

（2）如因原先会计制度适用错误，学会需要变更会计政策的，应当在理事会（常务理事会）审议通过后两个工作日内向中心或主管部门提交理事会（常务理事会）决议并履行信息披露义务。

（3）学会自主变更会计政策导致对最近一个会计年度经审计净资

产的影响比例超过50%的，应当在理事会（常务理事会）审议批准后，提交专项审计报告并在定期报告、披露前提交会员大会（会员代表大会）审议。其报告、披露内容包括：一是理事会（常务理事会）决议；二是理事会（常务理事会）关于会计政策变更的决议；三是执行机构负责人意见、监事会意见；四是会计师事务所出具的专项审计报告（适用于须会员大会或会员代表大会审议的情形）。

（4）学会根据法律、行政法规或者国家统一的会计制度的要求变更会计政策的，其报告、披露的内容包括：一是本次会计政策变更情况概述，包括变更的日期、变更的原因、变更前采用的会计政策、变更后采用的会计政策等；二是本次会计政策变更对学会的影响，包括本次会计政策变更涉及学会的业务范围，变更会计政策对相关时点净资产的影响等；三是如果因会计政策变更对学会最近两年已披露的年度财务报告进行追溯调整，导致学会已披露的报告年度出现净资产的增减时，学会应当进行说明；四是理事会（常务理事会）关于本次会计政策变更合理性的说明及审议本次会计政策变更的情况；五是对于会员大会（会员代表大会）审议的情形，需要说明会计师事务所的审计意见以及会员大会（会员代表大会）审议的安排。

（5）学会自主变更会计政策未按规定要求履行披露义务的，视为滥用会计政策，按照前期差错更正的方法处理。

48. 分支机构

风险提示：分支机构是学会组织体系的重要组成部分，负责开展相关专业性较强的学术、科普、培训等活动。但分支机构不具有法人资格，其一切行为的法律责任均由学会承担。部分分支机构在开展活动中，常出现滥用学会名义宣传推广、签订对学会不利的合同协议等情况。因此，加强分支机构运营管理，规范其具体行为，需要结合特性制定行之有效的管理制度以及监督评价体系。

案例：某学会由于分支机构较多，管理控制难度较大。为严格分支机构管理，规避可能的风险，学会一方面结合分支机构的业务特点，建立统一的内控管理细则，并要求所有分支机构严格执行；另一方面采取定期报告、专项审计和不定期检查相结合的方式进行监督；还特别公布了分支机构禁止行为清单和撤销分支机构的具体情形。

规范要点：

（1）学会应当重点加强对分支机构的管理控制，制定针对分支机构的控制政策及程序，并在充分考虑分支机构业务特征等基础上，督促其建立内部控制制度。

（2）学会对其分支机构的管理控制，至少应当包括下列控制活动：一是建立对各分支机构的控制制度，明确向分支机构委派的重要管理人员的选任方式和职责权限等；二是依据学会的主营业务和风险管理政策，督导各分支机构建立起相应的业务计划、风险管理程序；三是要求各分支机构建立重大事项报告制度、明确审议程序，及时向学会分管负责人报告重大业务事项、重大财务事项以及其他可能对学会产生重大影响的信息，并严格按照授权规定将重大事项报学会理事会（常务理事会）审议或者会员大会（会员代表大会）审议；四是要求分支机构及时向学会执行机构负责人报送其决策决议等重要文件，通报可能对学会产生较大影响的事项；五是定期取得并分析各分支机构的季度或者年度报告，包括运营报告、增减会员报表、政购项目报表、涉企收费报表、资产负债报表、业务活动报表、现金流量报表、向他人提供资金及提供对外担保报表以及对外宣传链接报表等；六是建立对各分支机构的绩效考核制度。

49. 信息披露

风险提示：广义上的信息披露，除了依法律规定需要披露的内容事项外，还包括依章程规定应向会员大会（会员代表大会）、理事会（常务理事会）和向相关部门报告披露的内容事项。信息披露一方面是信用建设的需要；另一方面是保证治理机关和会员的知情权；同时也是服从相关部门监管的具体表现。学会既要依规及时报告披露，更要保证报告披露内容事项的真实性、完整性和一致性。

案例：某秘书长发现学会人员的微信朋友圈、博客、微博对学会活动、服务、业务的描述差异较大，可能对学会整体形象和口碑有不利影响。因此，该秘书长要求宣传部门，一方面撰写统一的业务宣传通稿，遴选清晰的活动服务照片，并及时向学会人员推送使用；另一方面定期统计宣传链接清单并予以检查，对内容严重不符的予以撤回，对于数据不够准确的予以修正。较好地解决了宣传不一致、不同步的问题。

规范要点：

（1）学会应当建立信息披露事务管理制度，规范学会重大信息的范围和内容，未公开保密信息内部报告、流转、对外发布的程序和注意事项以及违反信息披露规定的责任追究机制等事项。信息披露事务管理制度应当经学会理事会（常务理事会）审议通过并报告。

（2）学会应当指定执行机构负责人具体负责信息披露工作。学会应当保证执行机构负责人能够及时、畅通地获取相关信息，除执行机构负责人外的其他理事（常务理事）、监事、高级管理人员和其他人员，非经理事会（常务理事会）的书面授权，不得对外发布任何学会未公开的重大信息。

（3）学会应当明确规定，当出现、发生或者即将发生可能对学会口碑、信誉产生较大影响的情形或者事件时，负有报告义务的责任人应当及时将相关信息向学会理事会（常务理事会）和执行机构负责人进行报告；当执行机构负责人需了解重大事项的情况和进展时，相关部门（包括学会分支机构）及人员应当予以积极配合和协助，及时、准确、完整地进行回复，并根据要求提供相关资料。

（4）学会应当建立保密信息的内部保密制度，加强未公开保密信息内部流转过程中的保密工作，对学会、实际控制人、学会理事（常务理事）、监事、高级管理人员以及其他核心人员使用网站、博客、微博、微信等媒体发布信息进行必要的关注和引导，明确未公开保密信息的密级，尽量缩小知情人员范围，并保证未公开保密信息处于可控状态。

（5）学会应当要求分支机构参照学会规定建立信息披露事务管理制度，明确分支机构应当向执行机构负责人和信息披露事务部门报告的信息范围、报告流程等。

（6）学会理事会（常务理事会）应当针对传闻内容是否属实、结论能否成立、传闻影响、相关责任人等事项进行认真调查、核实。学会理事会（常务理事会）调查、核实的对象应当是与传闻有重大关系的机构或者个人，包括但不限于学会会员、实际控制人、主管部门、学会理事（常务理事）、监事、高级管理人员、学会相关部门、分支机构、合作方、媒体、研究机构等。

（7）学会理事会（常务理事会）调查、核实传闻时应当尽量采取书面函询或者委托律师核查等方式进行，以便获取确凿证据，确保澄清公告的真实、准确、完整。

（8）学会执行机构负责人应当对上报的内部重大信息进行分析和判断。如按规定需要履行信息披露义务的，执行机构负责人应当及时向理事会（常务理事会）报告，提请理事会（常务理事会）履行相应程序并对外披露。

第九章 党政相关制度规范要点

50. 党群工作

风险提示：加强党建、群团工作既是学会重要的政治任务，又是学会完善治理结构、优化内控管理的需要。学会党群工作的核心目标一方面是加强政治引领，破解全方位融合的问题，将党群组织动员能力转化为学会服务发展的动力、能力；另一方面是加强组织建设、队伍建设和党风廉政建设，持续提升党群工作的严肃性、规范性和服务性，突出作用发挥。

案例：某学会高度重视党建工作，建立学会党支部，并提供专门的活动场所和必要的活动经费。在工作实践中，学会坚持党建引领、目标导向，在保证规范性的基础上，推行党建与会务、业务、服务三融合的工作思路，创新工作方法。学会通过党建工作创新，获得了诸多荣誉表彰。

规范要点：

学会在开展党建工作过程中要特别注意：（1）加强重要讲话精神的学习和政策宣贯，提高政治站位；（2）统一思想认识，从上到下高度重视；（3）加强组织建设，实现应建尽建，并主动向上级组织汇报沟通；（4）在章程中加入党的建设和社会主义核心价值观等内容；（5）加强队伍建设，为党员能力提升“开小灶”；（6）加强经费管理，做到专款专用、精打细算；（7）通过党建工作机制和模式创新，促进会员服务路径载体创新。

51. 政府事务

风险提示：从功能定位上讲，学会一方面应当是党团结服务科技工作者的桥梁纽带，另一方面应当是党委政府科学决策和普及科学知识的工作助手。在学会与业务主管部门和有关部门沟通联系，办理政府事务时容易出现如下问题：（1）怠于主动联系，相互不了解；（2）年检、换届等监管事项重视程度不够，影响发展；（3）参与座谈研讨流于形式，预先准备不充分；（4）办理政府事务时，存在侥幸心理“走捷径”；（5）对新政策、新要求掌握不透彻，导致事倍功半等。

案例：某学会上一年度的年度检查结果为“基本合格”。为避免因程序性失误再次导致不利的年检结果，学会邀请了专家进行专项辅导督导，确定问题、开展培训。然后，秘书长根据专家意见，先后建立了年检资料素材库、年检报告填报示范模板、年检报告填报审查流程，并指定一名高级管理人员牵头负责。

规范要点：

政府事务无小事。学会在办理政府相关事项时，应当做到：（1）高度重视，明确责任，充分授权；（2）加强政策集中学习和对会员的宣贯；（3）重要的政府事项要负责人亲自抓，至少控“事务两端”；（4）接待考察来访、参加座谈调研要有流程标准，事前充分准备；（5）要坚守政治底线和法律红线；（6）积极主动请示汇报，增进了解、强化信任；（7）承接政府转移职能必须严格规范，“保守服务”。

52. 财政项目

风险提示：财政项目多为政府购买服务的方式，财政项目收入在部分学会占总收入比例较高。但由于财政项目有更加严格的程序要求、财务要求、管理要求和绩效要求，学会对财政项目的管控水平，已经成为制约学会发展的重要瓶颈之一。通常在以下几方面蕴含风险：（1）项目信息获取不及时；（2）方案撰写过度承诺；（3）招投标存在违规隐患；（4）合同签署和付款不及时，资金占用压力大；（5）项目实施过程中必要流程不全和证明材料不规范；（6）服务内容和进度存在偏差；（7）与委托方沟通、汇报不及时；（8）项目分工不合理等。

案例：某学会为确保财政项目执行的合规性和服务的成效性，学会秘书长一方面指定分管会员部的副秘书长负责领导财政项目的信息获取、项目申报、合同签订、款项催收、团队组建、执行监督、沟通汇报工作；另一方面要求财务部负责财政项目的预算编制、资金管理、合同管理、绩效预审工作；而且还设计了项目分工表、项目进度表、项目周报表、佐证材料明细表等管理表单。通过上述措施，该学会财政项目申报和执行情况受到预算单位的一致好评。

规范要点：

财政项目的规范性管控要求明显高于一般市场服务项目。学会应当在如下方面重点开展工作：（1）建立涵盖从项目信息获取，到结项汇报的全流程管理制度；（2）在内部按照项目制为主、职能化为辅的机制优化组织架构；（3）明确财政项目的内部评价方式和激励规则；（4）推行委托单位交流沟通统一入口、出口的工作方式；（5）比照方案、合同约定要求，按照时间进度，全力完成规定动作；（6）细化各类项目的实施细则和标准，特别是支撑材料整理、保存、汇总标准；（7）项目资金专款专用，严格遵守费用支出标准；（8）着力避免转委托或分包情况发生等；（9）建立内部预评、预审机制；（10）项目绩效要坚持数据量化。

第十章 运营管理制度规范要点

53. 会员会费

风险提示：从本质来看，学会的影响力和发展潜力在很大程度上取决于其会员的数量、质量和黏性。会费曾经一度是多数学会收入的主要来源，但随着政府“放管服”改革、会员内生能力的提升、商业服务的竞争以及涉企收费的严管，会费收取困难情况比较普遍。在会员发展和会费收取、使用方面，容易出现：（1）会员服务专业性不强，会员黏性不高；（2）以增收创收为导向，过度商业化，会员反感；（3）会费标准设定不合理，且未经批准备案程序；（4）仍存在“凭费许愿”的现象，内部治理虚化；（5）变相增加“涉企收费”和违规举办评比表彰；（6）会费使用管理不严。

案例：某学会在收取会费策略和提升服务会员水平上，采取普通会员不收取会费，提供政策宣贯、意见反馈、交流学习、资源对接等服务；针对会员个性需求，结合自身特色能力，提供主题培训、专业咨询、行业调研、技术支持等服务，按规定标准收取会费。与此同时，还特别成立了教育服务委员会和健康服务委员会，服务会员的生活急需。

规范要点：

基于新情况、新问题、新趋势，学会在会员及会费管控方面应当：（1）从上至下，创新服务谋发展，转型升级；（2）摆正心态，摆脱“二政府”和资源“垄断者”的局限；（3）依托政府公共服务和转移职能，落地，落实，落细，做好工作助手；（4）严格按照相关要求和章程规定，设定会费标准，确定会员权利义务；（5）严格管理，避免强制收费、变相收费、重复收费；（6）坚守非营利初心，通过专业服务、个性服务创收增收；（7）尝试对学会进行平台化运营和产权化运营，找准学会立足点、发力点；（8）严格会员会费管理制度，加强资信评价，建立退出机制。

54. 业务活动

风险提示：多数学会将业务内控管理的重点放在收入、费用和成本控制等财务事项上。在开展业务活动过程中，只加强财务管理；但其他诸如业务信息、数据以及用户、供应商信息管控容易被忽视。学会可能面临的业务活动风险有：（1）会员和用户信息泄露；（2）虚报业务费用或以业务开拓为名从事兼职；（3）业务合同签署对价过高；（4）业务实施不及时导致违约；（5）相关票证不符合规定；（6）催款、结款不及时；（7）存在过度宣传和过度承诺。

案例：某学会为了加强业务风险管控和提升业务管理效率，一方面引入ERP管理系统，再造了业务流程；另一方面使用客户管理系统，用户回访、服务监督施行岗位分离管理。与此同时，结合学会主要业务的类型，进一步完善了部门协同机制，推行项目执行前置法，并制定了业务拓展奖励机制。

规范要点：

业务活动内容可能相互差别较大，同时可能与内外诸多部门对象发生关联。因为环节多，所以风险点也很多。学会应重点在以下方面加强管控：（1）在收支、监督等环节，推行职责分离；（2）加强业务流程管理和业务合同审查；（3）谈判、签约、服务环节避免单人现场决定；（4）加强票证审验和保管；（5）审慎批准赊销和折扣；（6）避免业务激励过度，成本失控；（7）统一进行客户管理和关系维护；（8）监督评价要符合业务特性。

55. 会议会展

风险提示：会议会展是学会开展学术活动和业务交流的重要形式。理论上，组织会议会展应当是“熟练工种”；但实质上能够体现学会的协调力、组织力、应急力等综合能力。在具体实践过程中，可能存在以下风险：（1）规模较大，没有提前报备；（2）预定场地不及时或与会议规模不符；（3）分工组织混乱，推进无序；（4）到会人数不足或超量；（5）领导、嘉宾因故不能莅临到会；（6）现场管控不力，出现聚集、纠纷；（7）影音设备发生故障；（8）文件、资料内容出现错误；（9）宣传口径不统一；（10）分工不清，授权不足，导致多头管理，效率低下。

案例：某学会受政府部门委托，承办国家级的专业技术创新成果展会。与以往相比，本次展会有如下特点：一是需要整体策划、形象设计、现场搭建；二是需要与多个单位、部门协调，逐字逐句地确定内容；三是场地巨大且分散，管控难度大；四是展位有限，报名参展的单位多。该学会通过组建会务专班、按照展区分工、派人驻场协调、嘉宾专人服务、制定应急预案、留足余量备份等方式，圆满承办本次会展。

规范要点：

会议会展是个系统工程，大体应当从以下几个方面进行管控和准备：（1）建立统一领导机制；（2）按照职能功能科学分工；（3）流程、细节反复推敲；（4）外部人、物要尽量提前预定和邀请；（5）制定完备的预案，提前演练，选优配强应急力量；（6）关键人员、物品、设备、资料宁多毋少，做足备份；（7）加强现场引导、疏导；（8）设计各种表单，做好签到、领用、统计工作。

56. 宣传推广

风险提示：前文已经分享过“对外宣传”管控要点，在此不再赘述。本节重点梳理商业性质的业务宣传可能带来的风险。商业宣传非常敏感，容易引发民事、行政及刑事法律风险。可能包括：（1）滥用“最终解释权”；（2）宣传用语不合规定；（3）买赠优惠、过度承诺；（4）夸大能效虚假宣传；（5）影音、图像、字体侵权等。

案例：某学会为了防范业务宣传过程中的可能风险，一方面对于所有业务宣传内容都要求进行三级审核；另一方面建立业务宣传话术清单、图片素材库和指定宣传载体。而且，该学会还邀请官方宣传内容审查人员，为主责部门讲解审查要点，并定期更新敏感词库和禁用句库。

规范要点：

宣传推广不可避免，但要严管善用。学会应当在如下几个方面加强管控：（1）制定管理制度，并指定部门或专人负责；（2）要学习掌握相关政策法规和警示案例；（3）分级审查宣传内容的真实性、合法性；（4）避免使用来源不明、授权不清的宣传素材；（5）制定舆情监控和应急处置的机制；（6）宣传资料的底稿和成品要留存备案。

57. 知识产权

风险提示：知识产权是智慧劳动成果的法定产权化。就学会来讲，知识产权中的著作权既是学会无形资产的主要组成部分，又是影响其核心竞争力的关键要素之一。知识产权的相关风险可能发生在：（1）知识产权出资时的确权、定价和转移；（2）核心创作人员的意外“流动”；（3）重要数据、资料、方案缺乏有效保护，导致“泄密”；

(4) 权利申请过程中的过早公开;(5) 合作洽商可能导致的方案"透底";(6) 知识产权保护策略过于单一;(7) 延续、许可、转让的缴费、定价及收益分配环节等。

案例: 某学会认为可以将过刊内容产权化，通过产权运营产生附加收入，便开发建立了过刊内容数据库；与作者逐一签订了著作权委托运营协议；并通过将过刊内容整编、挖新、汇编、演绎、转化，取得了较为可观的收入。

规范要点:

知识产权的"无形"性是风险的最主要成因，导致相关内容、资料、方案很难被固化控制。因此，学会应当"以人为本"重点开展如下工作:(1) 确定方针目标，健全制度，压实责任;(2) 全过程对知识产权创造环节进行规范;(3) 着力加强知识产权运营过程中监管;(4) 设立知识产权台账，加强管理和保护;(5) 与关键人员签订保密协议和竞业禁止协议，并监督执行;(6) 加强涉密文件的保管和技术合同管理;(7) 坚持同业信息搜集和知识产权资本化。

第十一章 人力资源制度规范要点

58. 人事招聘

风险提示：根据《中华人民共和国劳动合同法》和《就业服务和就业管理规定》的相关规定，（1）学会在招聘员工时，应当将工作内容如实告知应聘人员。（2）学会不得提供虚假招聘信息、发布虚假招聘广告，违者由劳动保障部门责令改正，并可处以1000元以下的罚款；对当事人造成损害的，应当承担赔偿责任。（3）学会发布的招用人简章或招聘广告，不得包含歧视性内容。（4）学会面谈或面试时，应当告知应聘者工作内容、条件、地点、职业危害、安全生产状况、劳动报酬（可协商）、制度规范以及应聘者要求了解的其他必要情况。（5）学会应谨慎发出书面入职邀请函，该函对学会有法律约束力且不能撤回、不能拒绝对邀请人的录用。以上可能出现的风险情况，建议在招聘制度中进行明确规定。

案例：某学会为了防范人事招聘过程中可能出现的用工歧视风险，制定了招聘规范用语示范文本；特别强调禁止使用与民族、性别、户籍和身态相关的引导性词句。同时，还结合岗位描述专门设计了《应聘人员告知单》，及时发放给即将参加面试的应聘者，并要求书面签收。

规范要点：

招聘管理制度：（1）应当明确基本录用标准，如年龄、学历、从业经历和职业素养等，但要注意避免职业歧视；（2）要明确通过什么样的程序，可以提出哪些岗位的招聘需求，如专职秘书长和财务负责人的招聘需求应当由理事会提出等；（3）明确可选择的招聘渠道，如网络招聘、现场招聘、熟人推荐等；（4）对应聘者须提供的证明材料和面试内容作出详细规定，如须提供证件原件或必须参加笔试等；（5）要对背景调查和录用条件进行描述，如须提供至少两名原工作单位负责人联系方式和接到录用通知后须一周内到岗等。关于招聘费用可在相应的财务制度中一并体现。

59. 员工试用期

风险提示：根据《中华人民共和国劳动合同法》的相关规定，（1）学会应当根据不同的劳动合同期限，设定不同期限的试用期，最长不得超过6个月。（2）学会只能与同一员工约定1次试用期；即使在劳动合同续约时，也不得再次试用。（3）学会签署劳动合同期限不足3个月的，不得约定试用期；非全日制用工，不得约定试用期。（4）试用期工资不得低于本学会相同岗位最低档工资或者劳动合同约定工资的80%，并不得低于学会所在地的最低工资标准。（5）学会应当自用工之日起30日内为其职工向社会保险经办机构申请办理社会保险登记；未办理社会保险登记的，由社会保险经办机构核定其应当缴纳的社会保险费。（6）学会应当自用工之日起30日内订立书面劳动合同。（7）学会应当在员工入职时，甚至招聘的时候就书面约定录用条件，同时做好试用期工作记录、面谈等书面资料，用来佐证“胜任、录用”或“不胜任、解除劳动合同”的评价。

案例：某学会为防范员工在试用过程中可能出现的法律风险，一方面结合自身用工特点，参照官方劳动合同示范文本，制定了学会专用的劳动合同格式文本；另一方面按照不同岗位任职要求，细化了试用期限和试用期工资的具体标准。

规范要点：

试用期管理制度：（1）要依法律规定和不同劳动合同期限，明确各部门及岗位的试用期限，如财务部出纳岗位合同期限不得低于1年，试用期为45天等。（2）要明确考核责任人和评价标准，并要求提交试用日志，如出纳由财务部负责人管理，依据岗位职责进行业务考核，并且要求试用期间“零”失误等。(3) 要求试用人员学习学会规章制度，不得违反等，如入职员工须认真学习《员工手册》，同时签字证明，并且要求试用期间“零”违规等。(4) 要公布不同岗位试用期间的工资待遇，如出纳岗位在试用期间，按照合同约定的85%核算等。

60. 劳动合同

风险提示：劳动合同是劳动者与学会确立劳动关系，明确双方权利、义务的协议。《中华人民共和国劳动合同法》规定劳动合同内容包括双方的基本信息、合同期限、工作内容、工作地点、工作时间、休息休假、劳动报酬、社会保险、劳动保护、劳动条件和职业危害防护及法律法规规定应当纳入劳动合同的其他事项。在签订劳动合同的过程中，至少要防范以下风险：(1) 职工信息最好手签，如不能手签也要其签章并写明日期；(2) 联系地址应当为可以送达的“有效通信地址”，也可另行提供“户籍地址”；(3) 要结合实际，综合考虑试用期及合同期限，首次签约的合同期限“宜短不宜长”；(4) 工作地点作为劳动合同的必备条款，应当明确而不应当模糊，最好是包含性约定或选择性约定。

案例：某学会针对应聘人员个性化需求逐渐增多的状况，在保证劳动合同必要条款的合法性、完整性和准确性的基础上，制定出“可议”补充条款的格式描述语句，并对同一岗位分别规定了“高中低”三种可调整待遇水平。既增加了招聘的灵活性，又保证了劳动合同的规范性。

规范要点：

判断是否签订书面劳动合同，并不以是否缺少必备条款为必要条件；缺少部分必备条款与未签订劳动合同是两个概念；上述案例不适用支付双倍工资的规定。《中华人民共和国劳动合同法》第 81 条规定，用人单位提供的劳动合同文本中未载明必备条款的，由劳动行政部门责令改正，给劳动者造成损害的，还应承担赔偿责任，因此学会也不能掉以轻心。建议：（1）学会应使用政府部门提供的劳动合同范本；特别约定可在此基础上进行补充；（2）应高度关注《中华人民共和国劳动合同法》中关于必备条款的强制性规定和禁止性规定；（3）劳动合同终止条款要符合法定情形；（4）与职工约定培训、保密、补充保险和特别福利等时，要注意条款成立的条件。

61. 教育培训

风险提示：为了提升职工的执行能力和业务技能，通常学会都会组织各类教育培训活动。劳动合同法规定，学会为劳动者提供专项培训费用，对其进行专业技术培训的，可以与该劳动者订立协议，约定服务期；劳动者违反服务期约定的，应当按照约定向学会支付违约金。违约金的数额不得超过学会提供的培训费用。学会要求劳动者支付的违约金不得超过服务期尚未履行部分所应分摊的培训费用。具体支付金额分如下情况：（1）约定服务期的，按服务期等分出资金额，以职工已履行的服务期限递减支付；（2）没有约定服务期的，按劳动合同期等分出资金额，以职工已履行的合同期限递减支付；（3）没有约定合同期的，按 5 年服务期等分出资金额，以职工已履行的服务期限递减支付；（4）双方对递减计算方式已有约定的，从其约定；（5）如果合同期满，职工要求终止合同，则用人单位不得要求劳动者支付该项培训费用。

案例：某学会高度重视员工能力培养。主要对新入职员工、高潜力员工和业务骨干开展分类研修培训；对全员进行专题通识教育；对需要公派进修和额外支付大额培训费用的情况，要求签订单独的培训协议或签订劳动合同的补充协议，另行约定服务期限和服务内容。

规范要点：

学会开展教育培训活动看似简单，其实经常出现培训对象选择不恰当、培训需求不明确、培训过程不监督等问题。因此，学会应当：（1）结合业务和岗位特性，明确培训对象；（2）培训对象应当选择忠诚度高、归属感强、具备一定潜力的职工进行重点培训；（3）应当支持职工自主参加教育培训，可以通过承担部分费用或提级加薪的方式予以鼓励；（4）加强培训过程中的沟通和控制，在保证培训成效的同时，还可以发现思想动态及时干预；（5）应当对培训成果进行考评，区分优良中差，以评促进；（6）把签订的培训协议纳入合同管理，作为证据留存；（7）准确把握态度不正、能力有限和技能缺乏的区别，理性组织培训。

62. 内部保密

风险提示：商业秘密通常都是学会重要的无形资产或战略资源。《中华人民共和国劳动法》第二十二条规定："劳动合同当事人可以在劳动合同中约定保守用人单位商业秘密的有关事项。"保密条款中应写明保密的范围、期限、员工应履行的保密义务及员工违反保密约定时应承担的责任。但当学会与相关员工签订保密协议或增加保密条款时通常会面临如下风险：（1）保密范围和保密责任约定不具体；（2）要求保密的对象过于宽泛；（3）没有约定保密期限。

案例：某学会为了加强会员个人信息和涉密学术交流活动的保密工作，不但建设了保密室，委任了保密员；还制定公布了《会员个人信息管理办法》《涉密学术活动组织办法》《保密信息数据储存和使用管理办法》；并与相关员工签订了专门的《保密协议》，约定了相应保密的范围、期限、员工应履行的保密义务及员工违反保密约定时应承担的责任。

规范要点：

学会要实现保密管理效果，应当：（1）合理界定保密的范围和内容；（2）谨慎确定需要签订《保密协议》的人员范围，如核心技术人员、高级管理人员以及会员部门、财务部门、信息部门的相关人员；（3）应制定详细的保密制度，强化日常管理和习惯养成；（4）开展定期监督考评，确保制度落到实处。

63. 职能岗位

风险提示：岗位设置是一个学会内部组织管理的基本任务之一。暂且不论职能岗位设置的科学性、合理性，学会应当在操作层面重点关注以下风险：（1）试用期内因不胜任岗位职责解除劳动关系；（2）在正式任职期间的任职岗位调整协商；（3）员工主动离职导致的损失赔偿。根据相关法律法规，对试用期内不符合录用条件的劳动者，学会可以解除劳动合同；超过试用期，学会不能以试用期内不符合录用条件为由解除劳动合同。用人单位与劳动者协商一致，可以变更劳动合同约定的内容。变更劳动合同应当采用书面形式，变更后的劳动合同文本由用人单位和劳动者各执一份。劳动者辞职，应当提前30日以书面形式通知用人单位。劳动者违反规定解除劳动合同，对用人单位造成损失的，劳动者应赔偿用人单位的下列损失：录用该职工所支付的费用，为职工支付的培训费用，该职工单方辞职对生产、运营和工作造成的直接损失以及双方约定的赔偿费用等。

案例：某学会结合业务发展需要，针对人少事多的现实状况，决定采取职级并行和项目团队贡献相结合的三维矩阵式管理机制。为了保证新旧制度的平稳过渡，该学会在细化、量化提职升级条件要求和项目绩效评价指标的前提下，特别提出了“前期只升不降，中期严升半降，后期严升严降”的实施步骤，取得了较好的执行效果。

规范要点：

在学会进行岗位设置和管理过程中，除要规避以上提及的法律风险外，还应当注意以下方面：（1）部门、岗位要合理设置，避免多层级和职能交叉，矩阵式管理可参考；（2）要根据服务发展需要，设定岗位和确定职责，避免“因人设岗”的情况；（3）要尽可能将岗位职责描述得准确、具体，避免过于模糊宽泛；（4）岗位设置既要定岗定责，又要留有余地保持成长弹性，避免岗位固化导致的心理疲劳；（5）要定期开展述职评价，鼓励先进，督促后进，营造良好的竞争氛围，避免“干好干坏一个样”。

64. 薪酬绩效

风险提示：科学的薪酬绩效制度不但能够在学会内部营造“比学赶帮超”的良好氛围，还能够为客观评价员工表现提供真实、充分的依据。通常薪酬的弹性部分应当与绩效评价结果密切相关，做到有章可循，有度可依。实践过程中，学会经常会出现如下问题：（1）绩效考核指标缺乏针对性，没有与部门、岗位特性匹配；（2）绩效考核过程主观性过强，缺少可量化指标，说服力和证明力都不足；（3）实施绩效考核办法时，应履行告知确认义务；（4）误将“末位排名”作为确定员工“不胜任”的主要依据；（5）内部考核中间材料、结果公告和外部批评投诉没有留存证明材料。

案例：某学会的薪酬构成缺乏弹性，导致员工主动性不强。为此，该学会结合自身人员构成、岗位分工、业务特点，将薪酬构成调整为基本工资、补贴工资、岗位工资、技术工资、项目奖金和年终奖金，浮动部分皆有对应的能力、成效要求，并定期进行绩效考评。通过上述调整，使学会薪酬绩效体系弹性明显增加，具备中长短期正向激励效果，员工的主动性、积极性明显改善。

规范要点：

薪酬绩效评价体系的建立是系统性、逻辑性很强的管理工作，对学会团队建设至关重要。所以，学会在实施过程中要特别注意：（1）标准制定阶段，要紧紧围绕岗位及其职责进行，对标岗位说明书内容；尽可能多地设立可衡量、能量化的考评指标，着力避免主观评价过多或无依据的三百六十度周边评价；应当与其他管理制度、流程、标准配合制定，增强其可执行性。（2）考核实施阶段，做到公开透明，不要遗漏重要环节，应经得起问询推敲；对异常结果，应收集和保存各类辅助证明材料，并让当事人签字确认；如主观评价，让当事人总结、检讨附后。（3）成果应用阶段，分布式地与薪酬挂钩，避免直接作为调岗和淘汰员工的依据；慎用所谓的“末位淘汰法”，主动解除劳动合同要事实充分、程序严谨；取得“不可胜任”的结论，也要先培训、调岗，方能采取下一步的措施。

65. 年假年金

风险提示：年假是学会根据劳动者工作年限和劳动繁重紧张程度，每年依法给予的一定期间的带薪连续休假。职工累计工作已满 1 年不满 10 年的，年休假 5 天；已满 10 年不满 20 年的，年休假 10 天；已满 20 年的，年休假 15 天。年金即年度奖金，是学会在综合考虑本年度单位的营收结余和职工的绩效考核情况的基础上发放的非法定奖金，发放时间学会可自行决定。综上，年假年金的风险主要在两个方面：（1）年金的发放主要可能涉及授权合法性和代扣代缴个人所得税方面；（2）年假是法定权力，其风险多出现在休假天数的确认和跨年度安排休假的合理性问题等方面。

案例：某学会有发放年度奖金的习惯，但奖励金额的确定没有明确的依据，更多依赖于管理层的主观评价。为进一步发挥年终奖金的认可、引导、激励效能，该学会决定按照薪酬弹性部分的倍数来确定具体发放数额，倍数的选择主要参考工作强度、进步程度和业务贡献。并明确规定，年终奖金对应的个税由学会代扣代缴。

规范要点：

年金要依约定或学会内部规定；年假是法定权力。从这个角度来说，年假的风险程度要高于年金。所以，在涉及相关事项时，学会要注意：（1）年假的天数核算要准确，避免支付三倍工资的风险；（2）年假如需要跨年安排，则需要协商并留存书面证明；（3）年金最好作为“意外惊喜”，不承诺、不规定、不公示；（4）可要求员工之间就年金数额保密；（5）年金发放要获得充分授权，且处理好税务问题。

第十二章 基础管理制度规范要点

66. 证照印章

风险提示：“五证合一”以后，社团法人登记证书只是证明学会拥有法人主体资格的官方证明。登记证书副本及其年检章在日常运营活动中，用途更为广泛。如无特别规定，法定代表人是登记证书的合法保管者，如另有规定、决议、决定，则依规执行。学会的印章至关重要，加盖印章是确认学会意思表示的法律行为，表示对加盖印章文件的内容表示认可，具有相应的法律效力。印章通常包括公章、财务专用章、合同专用章、法定代表人名章和发票专用章。证照和印章都是一种证明，只不过证照证明固定内容，印章证明非固定内容。实践中，学会可能会遇到如下风险：（1）他人假冒证照印章；（2）他人使用扫描证照和印章；（3）对方使用的是没有备案的内部印章；（4）保管人滥用证照印章或妨碍使用或拒不返还；（5）没有专门管理制度和使用台账，无法追责；（6）遗失、丢失后不及时公告报告和补办；（7）挂靠单位或分支机构使用印章随意性较强。

案例：某学会为了加强印章管理，制定了严格的印章使用流程，建立有印章使用台账。对于需要携带印章外出的情形，特别规定了携带人职务要求和保管要求等。

规范要点：

鉴于证章特别是印章的重要性，学会应采取如下防范措施：（1）专人保管证章，且不能转委托他人保管；（2）严格按照程序，采取逐级上报审批使用的管理方式；（3）应当建立使用、领用台账，有权的使用人、领用人签字，保管人还要核实使用情况；（4）发生损毁、遗失和被盗情况，应及时上报、补办；（5）应当明确并强调违规使用证章的责任承担。

67. 文书合同

风险提示：这里所提到的文书专指能够导致学会权利、义务、责任发生变化的书面材料。而合同则是合作或交易各方达成一致意思表示的承诺文件。可以看出，文书合同都是与学会权利、义务和责任相关的法律文件，在其形成、签署、执行等过程中，都会带来直接的风险。以合同为例，具体包括如下风险：（1）订立程序方面，未对相对方进行资质、信用审查；未按内部程序履行手续；合同成立与生效存在混淆；当事人名称与印章不符；未载明签订日期；未履行备案手续；擅自调整已审批合同内容等。（2）合同内容方面，核心条款不完备；存在导致合同无效或可撤销的情形；对方签约主体不适格；代理人越权签订；意思表示不真实；限制条款不合规；仲裁条款不符合要求；责任条款不清晰；未约定保密、违约责任、争议解决、不可抗力等条款；合同范本选用不当；后续权限归属不明；保证人不适格；条款之间有矛盾或冲突等。（3）履行执行方面，存在超范围约定；发现违约情形未及时提出异议和留存证据；对方异议未及时应对和反馈；争议处理救济不力；合同保管不利；怠于行使权利和承担义务；怠于行使求偿权、代位权、解除权、撤销权、抗辩权等。

案例：某学会聘请专业服务机构结合业务类型、使用场景，起草、确定了系列文书合同格式文本；制定了文书合同相关制度，特别对内容的修改审定、印章的使用申请、原件的备案保管、义务的提醒提示、违约的预先警示等作出了明确规定。

规范要点：

学会为了防范合同风险，应当制定涵盖合同起草、审核、签订、履行、管理和救济各环节的管控体系。可重点在如下几个方面开展工作：

（1）争取到合同文本的起草权；（2）全面审查对方的主体资格和资信水平；（3）认真审查合同内容，保证前后一致，且无导致无效、可撤销的内容；（4）注意价款金额及其支付方式；（5）明确双方权利、义务和违约责任；（6）核心条款用词严谨、反复斟酌；（7）注意标的对价的公平性，避免显失公平情形；（8）约定合同纠纷解决方式和诉讼管辖地；（9）制定合同签订和履约执行的内部程序，并在关键时点提醒提示；（10）妥善保管合同原件。

68. 办公用品

风险提示：办公用品是学会开展日常工作的消耗品，具有品类杂、价值低、批次多等特点。原本办公用品的管理不应当成为管控的重点，但由小及大，办公用品的管控可以看出学会管理的精细化、规范化程度。办公用品管理的风险主要存在于：（1）采购阶段的价高质次或虚报数量；（2）管理阶段的多领、冒领或加快损耗；（3）保管阶段的意外损毁、丢失等。

案例：某学会结合秘书处的职能分工和岗位职责情况，遵循预算、采购、保管、发放、核实权责分离的原则，将办公用品的预算、保管、核实交由一人负责，实行定点采购和网上采购，而领用、发放交由另一人负责，并每月统一盘点一次，较好地规避了人为因素可能导致的风险。

规范要点：

学会要管控好办公用品，可从以下几个方面抓起：（1）参照预算支出和业务预判，做好采购预算；（2）尽可能实行定点采购、集中采购；（3）建立严格的请购审批制度；（4）执行验收和入库登记制度；（5）建立领用登记制度；（6）高价值或耐使用的用品要建立使用备查账；（7）注意保存、保管；（8）定期按部门、分类别进行领用数据统计分析。

69. 卫生安全

风险提示：办公场所的安全、整洁、舒适有助于提高工作效率和提升品牌形象。办公场地的安全卫生风险可能出现在用电、防火、燃气、用水、防盗、设备、通信、网络、环保、垃圾等方面。

规范要点：

加强卫生安全管控通常要从以下几个方面做起：（1）专人管理，压实责任；（2）建章立制，严格执行；（3）抽查检查，不留死角；（4）发现异常，果断处理；（5）节假值班，不存侥幸；（6）如有必要，购买保险。涉及工作安全保障的，如存在辐射、细菌环境，应当严格按照相关的规程、标准进行管理。

70. 车辆设备

风险提示：车辆等工具设备的管理，除了一次性成本支出外，还有日常维护保养和原料油品的持续支出。以车辆管理为例，其管控可能存在以下风险：（1）车辆购置，特别是二手车质量；（2）日常维修、保养和加油的费用；（3）车辆保险和紧急救援；（4）公车私用和私车公用；（5）买号套牌；（6）违反交通规则等。

规范要点：

在车辆的日常管控过程中，应当重点开展以下几方面的工作：（1）明确管理部门和申请使用流程，标明乘客和用途；（2）加强车辆用油管理，尽量用卡；（3）严格车辆维修、保养管理，定点统一结账；（4）严禁公车私用，谨慎私车公用；（5）强化交通安全教育，罚款自付；（6）及时续购保险。

附录

中华人民共和国民法典（节选）

（2020 年 5 月 28 日第十三届全国人民代表大会第三次会议通过）

第一编　总则

第三章　法　人

第一节　一般规定

第五十七条　法人是具有民事权利能力和民事行为能力，依法独立享有民事权利和承担民事义务的组织。

第五十八条　法人应当依法成立。

法人应当有自己的名称、组织机构、住所、财产或者经费。法人成立的具体条件和程序，依照法律、行政法规的规定。

设立法人，法律、行政法规规定须经有关机关批准的，依照其规定。

第五十九条　法人的民事权利能力和民事行为能力，从法人成立时产生，到法人终止时消灭。

第六十条　法人以其全部财产独立承担民事责任。

第六十一条　依照法律或者法人章程的规定，代表法人从事民事活动的负责人，为法人的法定代表人。

法定代表人以法人名义从事的民事活动，其法律后果由法人承受。

法人章程或者法人权力机构对法定代表人代表权的限制，不得对抗善意相对人。

第六十二条 法定代表人因执行职务造成他人损害的，由法人承担民事责任。

法人承担民事责任后，依照法律或者法人章程的规定，可以向有过错的法定代表人追偿。

第六十三条 法人以其主要办事机构所在地为住所。依法需要办理法人登记的，应当将主要办事机构所在地登记为住所。

第六十四条 法人存续期间登记事项发生变化的，应当依法向登记机关申请变更登记。

第六十五条 法人的实际情况与登记的事项不一致的，不得对抗善意相对人。

第六十六条 登记机关应当依法及时公示法人登记的有关信息。

第六十七条 法人合并的，其权利和义务由合并后的法人享有和承担。

法人分立的，其权利和义务由分立后的法人享有连带债权，承担连带债务，但是债权人和债务人另有约定的除外。

第六十八条 有下列原因之一并依法完成清算、注销登记的，法人终止：

（一）法人解散；

（二）法人被宣告破产；

（三）法律规定的其他原因。

法人终止，法律、行政法规规定须经有关机关批准的，依照其规定。

第六十九条 有下列情形之一的，法人解散：

（一）法人章程规定的存续期间届满或者法人章程规定的其他解散事由出现；

（二）法人的权力机构决议解散；

（三）因法人合并或者分立需要解散；

（四）法人依法被吊销营业执照、登记证书，被责令关闭或者被撤销；

（五）法律规定的其他情形。

第七十条 法人解散的，除合并或者分立的情形外，清算义务人应当及时组成清算组进行清算。

法人的董事、理事等执行机构或者决策机构的成员为清算义务人。法律、行政法规另有规定的，依照其规定。

清算义务人未及时履行清算义务，造成损害的，应当承担民事责任；主管机关或者利害关系人可以申请人民法院指定有关人员组成清算组进行清算。

第七十一条 法人的清算程序和清算组职权，依照有关法律的规定；没有规定的，参照适用公司法律的有关规定。

第七十二条 清算期间法人存续，但是不得从事与清算无关的活动。

法人清算后的剩余财产，按照法人章程的规定或者法人权力机构的决议处理。法律另有规定的，依照其规定。

清算结束并完成法人注销登记时，法人终止；依法不需要办理法人登记的，清算结束时，法人终止。

第七十三条 法人被宣告破产的，依法进行破产清算并完成法人注销登记时，法人终止。

第七十四条 法人可以依法设立分支机构。法律、行政法规规定分支机构应当登记的，依照其规定。

分支机构以自己的名义从事民事活动，产生的民事责任由法人承担；也可以先以该分支机构管理的财产承担，不足以承担的，由法人承担。

第七十五条 设立人为设立法人从事的民事活动，其法律后果由法人承受；法人未成立的，其法律后果由设立人承受，设立人为二人以上的，享有连带债权，承担连带债务。

设立人为设立法人以自己的名义从事民事活动产生的民事责任，第三人有权选择请求法人或者设立人承担。

第二节 营利法人

第七十六条 以取得利润并分配给股东等出资人为目的成立的法人，为营利法人。

营利法人包括有限责任公司、股份有限公司和其他企业法人等。

第七十七条 营利法人经依法登记成立。

第七十八条 依法设立的营利法人，由登记机关发给营利法人营业执照。营业执照签发日期为营利法人的成立日期。

第七十九条 设立营利法人应当依法制定法人章程。

第八十条 营利法人应当设权力机构。

权力机构行使修改法人章程，选举或者更换执行机构、监督机构成员，以及法人章程规定的其他职权。

第八十一条 营利法人应当设执行机构。

执行机构行使召集权力机构会议，决定法人的经营计划和投资方案，决定法人内部管理机构的设置，以及法人章程规定的其他职权。

执行机构为董事会或者执行董事的，董事长、执行董事或者经理按照法人章程的规定担任法定代表人；未设董事会或者执行董事的，法人章程规定的主要负责人为其执行机构和法定代表人。

第八十二条 营利法人设监事会或者监事等监督机构的，监督机构依法行使检查法人财务，监督执行机构成员、高级管理人员执行法人职务的行为，以及法人章程规定的其他职权。

第八十三条 营利法人的出资人不得滥用出资人权利损害法人或者其他出资人的利益；滥用出资人权利造成法人或者其他出资人损失的，应当依法承担民事责任。

营利法人的出资人不得滥用法人独立地位和出资人有限责任损害法人债权人的利益；滥用法人独立地位和出资人有限责任，逃避债务，严重损害法人债权人的利益的，应当对法人债务承担连带责任。

第八十四条 营利法人的控股出资人、实际控制人、董事、监事、高级管理人员不得利用其关联关系损害法人的利益；利用关联关系造成法人损失的，应当承担赔偿责任。

第八十五条 营利法人的权力机构、执行机构作出决议的会议召集程序、表决方式违反法律、行政法规、法人章程，或者决议内容违反法人章程的，营利法人的出资人可以请求人民法院撤销该决议。但是，营利法人依据该决议与善意相对人形成的民事法律关系不受影响。

第八十六条 营利法人从事经营活动，应当遵守商业道德，维护交易安全，接受政府和社会的监督，承担社会责任。

第三节 非营利法人

第八十七条 为公益目的或者其他非营利目的成立，不向出资人、设立人或者会员分配所取得利润的法人，为非营利法人。

非营利法人包括事业单位、社会团体、基金会、社会服务机构等。

第八十八条 具备法人条件，为适应经济社会发展需要，提供公益服务设立的事业单位，经依法登记成立，取得事业单位法人资格；依法不需要办理法人登记的，从成立之日起，具有事业单位法人资格。

第八十九条 事业单位法人设理事会的，除法律另有规定外，理事会为其决策机构。事业单位法人的法定代表人依照法律、行政法规或者法人章程的规定产生。

第九十条 具备法人条件，基于会员共同意愿，为公益目的或者会员共同利益等非营利目的设立的社会团体，经依法登记成立，取得社会团体法人资格；依法不需要办理法人登记的，从成立之日起，具有社会团体法人资格。

第九十一条 设立社会团体法人应当依法制定法人章程。

社会团体法人应当设会员大会或者会员代表大会等权力机构。

社会团体法人应当设理事会等执行机构。理事长或者会长等负责人按照法人章程的规定担任法定代表人。

第九十二条 具备法人条件，为公益目的以捐助财产设立的基金会、社会服务机构等，经依法登记成立，取得捐助法人资格。

依法设立的宗教活动场所，具备法人条件的，可以申请法人登记，取得捐助法人资格。法律、行政法规对宗教活动场所有规定的，依照其规定。

第九十三条 设立捐助法人应当依法制定法人章程。

捐助法人应当设理事会、民主管理组织等决策机构，并设执行机构。理事长等负责人按照法人章程的规定担任法定代表人。

捐助法人应当设监事会等监督机构。

第九十四条 捐助人有权向捐助法人查询捐助财产的使用、管理情况，并提出意见和建议，捐助法人应当及时、如实答复。

捐助法人的决策机构、执行机构或者法定代表人作出决定的程序违反法律、行政法规、法人章程，或者决定内容违反法人章程的，捐助人等利害关系人或者主管机关可以请求人民法院撤销该决定。但是，捐助法人依据该决定与善意相对人形成的民事法律关系不受影响。

第九十五条 为公益目的成立的非营利法人终止时，不得向出资人、设立人或者会员分配剩余财产。剩余财产应当按照法人章程的规定或者权力机构的决议用于公益目的；无法按照法人章程的规定或者权力机构的决议处理的，由主管机关主持转给宗旨相同或者相近的法人，并向社会公告。

中共中央办公厅《关于加强社会组织党的建设工作的意见（试行）》

为切实加强党对社会组织的领导，促进社会组织健康发展，根据党章和有关法律法规，现就加强社会组织党的建设工作提出如下意见。

一、加强社会组织党建工作的重要意义和总体要求

1. 重要意义。社会组织主要包括社会团体、民办非企业单位、基金会、社会中介组织以及城乡社区社会组织等。随着改革开放不断深入，我国社会组织快速发展，已成为社会主义现代化建设的重要力量、党的工作和群众工作的重要阵地。在协调推进全面建成小康社会、全面深化改革、全面依法治国、全面从严治党战略布局中，社会组织承担着重要任务，同时社会组织自身发展也面临许多新情况新问题新挑战。加强社会组织党建工作，对于引领社会组织正确发展方向，激发社会组织活力，促进社会组织在国家治理体系和治理能力现代化进程中更好发挥作用；对于把社会组织及其从业人员紧密团结在党的周围，不断扩大党在社会组织的影响力，增强党的阶级基础、扩大党的群众基础、夯实党的执政基础，都具有重要意义。

2. 总体要求。以马克思列宁主义、毛泽东思想、邓小平理论、“三个代表”重要思想、科学发展观为指导，深入贯彻习近平总书记系列重要讲话精神，坚持党的领导与社会组织依法自治相统一，把党的工作融入社会组织运行和发展过程，更好地组织、引导、团结社会组织及其

从业人员；坚持从严从实，把握特点规律，严格落实党建工作制度，积极探索符合社会组织实际的方式方法，防止行政化和形式主义；坚持问题导向，着力破解组织体系不够健全、组织覆盖不够全面、作用发挥不够充分等难题，推动社会组织党建工作水平全面提升；坚持分类指导，根据不同类型不同规模社会组织情况开展工作，正确处理一致性和多样性关系，切实提高针对性和实效性，不断增强社会组织党组织的创造力凝聚力战斗力，充分发挥社会组织党组织的战斗堡垒作用和党员的先锋模范作用。

二、明确社会组织党组织功能定位

3. 地位作用。社会组织党组织是党在社会组织中的战斗堡垒，发挥政治核心作用。要着眼履行党的政治责任，紧紧围绕党章赋予基层党组织的基本任务开展工作，严肃组织生活，严明政治纪律、政治规矩和组织纪律，充分发挥党组织的政治功能和政治作用。要按照建设基层服务型党组织的要求，创新服务方式，提高服务能力，提升服务水平，通过服务贴近群众、团结群众、引导群众、赢得群众。

4. 基本职责。（1）保证政治方向。宣传和执行党的路线方针政策，宣传和执行党中央、上级党组织和本组织的决议，组织党员群众认真学习中国特色社会主义理论体系，深入学习习近平总书记系列重要讲话精神，教育引导党员群众遵守国家法律法规，引导监督社会组织依法执业、诚信从业。（2）团结凝聚群众。做好思想政治工作，教育引导职工群众增强政治认同，关心和维护职工群众的正当权利和利益，汇聚推进改革发展的正能量。（3）推动事业发展。激发从业人员工作热情和主人翁意识，帮助社会组织健全章程和各项管理制度，引导和支持社会组织有序参与社会治理、提供公共服务、承担社会责任。（4）建设先进文化。坚持用社会主义核心价值观引领文化建设，组织丰富多彩的文化活动，营造积极向上的文化氛围，教育党员群众自觉抵制不良倾向，坚决同各种违法犯罪行为作斗争。（5）服务人才成长。关心关爱人才，主动帮助引导，不断提高从业人员的思想和业务素质，支持和保障各类人才干事创业。（6）加强自身建设。创新组织设置，健全工作机制，严格执行组织生活各项制度，做好发展党员和党员教育管理服务工作。维护和执行党的纪律，监督党员切实履行义务，做好党风廉政建设工作。领导本单位工会、共青团、妇联等群团基层组织工作。

三、健全社会组织党建工作管理体制和工作机制

5. 健全工作机构。县级以上地方党委要依托党委组织部门和民政部门建立社会组织党建工作机构，已经建立非公有制企业党建工作机构的，可依托党委组织部门将其与社会组织党建工作机构整合为一个机构。党委组织部门对同级社会组织党建工作机构进行指导。上级社会组织党建工作机构对下级社会组织党建工作机构进行指导。

6. 理顺管理体系。全国性社会组织党建工作分别归口中央直属机关工委、中央国家机关工委、国务院国资委党委统一领导和管理。地方社会组织党建工作由省、市、县级社会组织党建工作机构统一领导和管理。上述机关或机构在社会组织党建工作方面的主要职责是：指导基层党组织建设、党员队伍建设、思想政治工作、党的群众工作和党风廉政建设；督促指导所属社会组织党组织按期换届，审批选出的书记、副书记；审核社会组织负责人人选；指导做好党的建设的其他工作。城乡社区社会组织党建工作由街道社区和乡镇村党组织兜底管理。有业务主管单位的社会组织党建工作，由业务主管单位党组织领导和管理，接受社会组织党建工作机构的工作指导。社会组织中设立的党组，对本单位和直属单位党组织的工作进行指导。各地要按照有利于开展党的活动、加强党员教育管理的原则理顺社会组织党组织隶属关系。

7. 完善工作机制。各级党委组织部门和社会组织党建工作机构要加强统筹协调，定期召开有关部门参加的社会组织党建工作会议，及时研究有关重要问题。注重上下联动，及时沟通社会组织党建工作动态信息，研究部署重点任务，运用基层经验推动面上工作。县级以上党委组织部门和社会组织党建工作机构应直接联系一批规模较大、人员较多、影响力强的社会组织党组织，及时了解情况、听取意见、加强指导。

四、推进社会组织党的组织和党的工作有效覆盖

8. 按单位建立党组织。凡有三名以上正式党员的社会组织，都要按照党章规定，经上级党组织批准，分别设立党委、总支、支部，并按期进行换届。规模较大、会员单位较多而党员人数不足规定要求的，经县级以上党委批准可以建立党委。社会组织变更、撤并或注销，党组织应及时向上级党组织报告，并做好党员组织关系转移等相关工作；上级党组织应及时对社会组织党组织变更或撤销作出决定。

9. 按行业建立党组织。行业特征明显、管理体系健全的行业，可依托行业协会商会建立行业党组织。行业党组织对会员单位党建工作进行指导。

10. 按区域建立党组织。在社会组织相对集中的各类街区、园区、楼宇等区域，可以打破单位界限统一建立党组织。规模小、党员少的社会组织可以本着就近就便原则，联合建立党组织。

11. 实现全领域覆盖。本着应建尽建的原则，加大党组织组建力度。暂不具备组建条件的社会组织，可通过选派党建工作指导员、联络员或建立工会、共青团组织等途径开展党的工作，条件成熟时及时建立党组织。新成立的社会组织，具备组建条件的，登记和审批机关应督促推动其同步建立党组织。街道社区、乡镇村党组织要加强对城乡社区社会组织的领导和指导。通过各种方式，逐步实现党的组织和党的工作有

效覆盖。

五、拓展社会组织党组织和党员发挥作用的途径

12. 围绕社会组织健康发展开展党组织活动。党组织活动应与社会组织发展紧密结合，积极探索开展主题活动等有效载体，与社会组织执业活动、日常管理、文化建设等相互促进。推行社会组织党员管理层人员和党组织班子成员双向进入、交叉任职。党组织书记应参加或列席管理层有关会议，党组织开展的有关活动可邀请非党员社会组织负责人参加。

13. 贴近职工群众需求开展党组织活动。社会组织党组织要深入了解、密切关注职工群众思想状况和实际需求，创新思想政治教育方式，组织开展群众欢迎的活动，提供群众期盼的服务，加强人文关怀和心理疏导，积极为群众排忧解难，寓教育于服务之中，切实增强党组织的吸引力和影响力。坚持党建带群建、群建促党建，注重发挥工会、共青团、妇联等群团组织作用，形成做好群众工作合力。

14. 突出社会组织特点开展党组织活动。发挥社会组织及其从业人员专业特长，积极开展专业化志愿服务。发挥社会组织人才、信息等资源丰富的优势，主动与社区和其他领域党组织结对共建，实现资源共享、优势互补。发挥社会组织联系广泛的优势，组织党员在从业活动中宣传党的路线方针政策，凝聚社会共识。针对从业人员流动性强的特点，充分利用现代信息技术手段开展活动，增强党组织活动的开放性、灵活性和有效性。

15. 紧扣党员实际创新教育管理服务。着力保障和落实党员知情权、参与权、选举权、监督权，积极推进党务公开，提高党员对党内事务的参与度，发挥党员在党内政治生活中的主体作用。以党性教育为重点，加强党员教育培训，不断提高党员素质。通过设立党员先锋岗、党

员责任区、党员服务窗口等形式，积极开展党员公开承诺践诺活动，充分发挥示范带动作用。按照“一方隶属、参加多重组织生活”原则，组织暂未转移组织关系的党员积极参加社会组织党组织的活动。加大发展党员工作力度，始终把政治标准放在首位，加强对入党积极分子的教育培养，注重把符合条件的社会组织负责人和业务骨干发展为党员，注重在没有党员或只有个别党员的社会组织中发展党员。强化党员管理监督，严格组织关系管理，及时处置不合格党员，保持党员队伍的先进性、纯洁性。

16. 贯彻从严要求提高组织生活质量。紧密联系党员思想工作实际，严格落实“三会一课”、民主评议党员、党员党性定期分析等制度。经常听取职工群众对党组织和党员的意见，对存在的问题及时进行整改。按照规定召开党员领导干部民主生活会，定期召开党员组织生活会，积极开展批评和自我批评，教育引导党员守纪律、讲规矩，坚决防止组织生活随意化、平淡化、娱乐化、庸俗化。

六、加强社会组织党务工作者队伍建设

17. 选优配强党组织书记。按照守信念、讲奉献、有本领、重品行的要求，选优配强社会组织党组织书记。党组织书记一般从社会组织内部产生，提倡党员社会组织负责人担任党组织书记。社会组织负责人不是党员的，可从管理层中选拔党组织书记。社会组织中没有合适人选的，可提请上级党组织选派，再按党内有关规定任职。

18. 充实壮大党务工作者队伍。适应加强社会组织党建工作需要，坚持专兼职结合，多渠道、多样化选用，建设一支素质优良、结构合理、数量充足的党务工作者队伍。规模大、党员数量多的社会组织党组织，应配备专职副书记。加大党建工作指导员选派力度，充分发挥其组织宣传、联系服务、协调指导作用。在社会组织相对集中的区域建立党

建工作站，配备专兼职人员做好党务工作。

19. 加强党务工作者教育培训。把社会组织党务工作者纳入基层党务干部培训范围，依托各级党校、行政学院、干部学院和高校开展培训。培训工作由党委组织部门、社会组织党建工作机构和民政、司法、财政、税务、教育、卫生计生、工商等有关部门组织实施。重点加强党的理论和路线方针政策、党内法规和国家法律法规、党务知识、社会组织管理等方面的教育培训，提高做好群众工作、服务社会组织发展的能力。

20. 强化管理和激励。坚持严格管理和关心激励相结合，建立健全符合社会组织特点的管理考核和激励约束制度，使社会组织党务工作者干事有平台、待遇有保障、发展有空间。社会组织党组织书记要认真落实党建工作责任制，每年应向上级党组织和本单位党员报告工作并接受评议。根据实际给予党组织书记和专职党务工作者适当工作津贴。注重推荐优秀党组织书记作为各级党代会代表、人大代表、政协委员人选，作为劳动模范等各类先进人物人选，推荐社会组织负责人作为上述人选时，要征求社会组织党组织意见。建立党务工作者职务变动报告制度，党组织书记因坚持原则遭受不公正待遇时，上级党组织应及时了解情况，给予帮助和支持。

七、加强对社会组织党建工作的组织领导

21. 落实领导责任。各级党委要切实加强对社会组织党建工作的领导，把社会组织党建工作纳入党建工作总体布局，作为抓基层党建工作述职评议考核和相关部门领导班子、领导干部考核的重要内容。加强对与行政机关脱钩的社会组织党建工作的领导，确保脱钩不脱管。各级党委组织部门要牵头抓总、统筹协调，社会组织党建工作机构要加强具体指导，民政、司法、财政、税务、教育、卫生计生、工商等部门要结合

职能协同做好社会组织党建工作。对履行责任不到位的要追究责任。

22. 强化基础保障。建立多渠道筹措、多元化投入的党建工作经费保障机制。社会组织应将党建工作经费纳入管理费用列支，可按照有关规定据实在企业所得税前扣除。社会组织党员上交的党费全额下拨，党委组织部门可用留存党费给予支持。有条件的地方，可采取多种方式给予必要的经费支持。支持具备条件的社会组织建设党组织活动场所，在社会组织相对集中的区域统筹建设党群活动服务中心。鼓励企事业单位、机关和街道社区、乡镇村党组织与社会组织党组织场所共用、资源共享。加强对社会组织负责人的思想教育，引导他们主动支持党建工作，为党组织开展活动、做好工作提供必要条件，并将有关内容写入社会组织章程。

23. 抓好督促落实。各地区各有关部门要认真研究制定社会组织党建工作规划和年度计划，实行目标管理，加强督促检查，推动工作落实。制定完善社会组织党建工作考核评价办法，明确奖惩措施，强化结果运用。尊重基层首创精神，不断研究新情况、解决新问题。总结推广经验，培育宣传社会组织党组织、党员和社会组织负责人先进典型，营造社会组织党建工作良好氛围。

各地区各有关部门可结合实际，制定贯彻落实本意见的具体实施办法。

中共中央办公厅　国务院办公厅《关于改革社会组织管理制度促进社会组织健康有序发展的意见》

（2016年8月21日）

为深入贯彻党的十八大和十八届二中、三中、四中、五中全会精神，进一步加强社会组织建设，激发社会组织活力，现就改革社会组织管理制度、促进社会组织健康有序发展提出以下意见。

一、重要性和紧迫性

以社会团体、基金会和社会服务机构为主体组成的社会组织，是我国社会主义现代化建设的重要力量。党中央、国务院历来高度重视社会组织工作，改革开放以来，在各级党委和政府的重视和支持下，我国社会组织不断发展，在促进经济发展、繁荣社会事业、创新社会治理、扩大对外交往等方面发挥了积极作用。同时也要看到，目前社会组织工作中还存在法规制度建设滞后、管理体制不健全、支持引导力度不够、社会组织自身建设不足等问题，从总体上看社会组织发挥作用还不够充分，一些社会组织违法违规现象时有发生。当前，我国正处于全面建成小康社会决胜阶段，改革社会组织管理制度、促进社会组织健康有序发展，有利于厘清政府、市场、社会关系，完善社会主义市场经济体制；有利于改进公共服务供给方式，加强和创新社会治理；有利于激发社会活力，巩固和扩大党的执政基础。各地区各部门要站在战略和全局高度，充分认识做好这项工作的重要性和紧迫性，将其作为一项重要基础性工作来抓，主动适应新形势新任务要求，全面落实相关政策措施，扎扎实实做好各项工作。

二、指导思想、基本原则和总体目标

（一）指导思想。以邓小平理论、“三个代表”重要思想、科学发展观为指导，深入贯彻习近平总书记系列重要讲话精神，按照“四个全面”战略布局要求，贯彻落实创新、协调、绿色、开放、共享发展理念，一手抓积极引导发展，一手抓严格依法管理，充分发挥社会组织服务国家、服务社会、服务群众、服务行业的作用，努力走出一条具有中国特色的社会组织发展之路。

（二）基本原则

——坚持党的领导。按照党中央明确的党组织在社会组织中的功能定位，发挥党组织的政治核心作用，加强社会组织党的建设，注重加强对社会组织的政治引领和示范带动，支持群团组织充分发挥作用，增强联系服务群众的合力，确保社会组织发展的正确政治方向。

——坚持改革创新。改革社会组织管理制度，正确处理政府、市场、社会三者关系，改革制约社会组织发展的体制机制，激发社会组织内在活力和发展动力，促进社会组织真正成为提供服务、反映诉求、规范行为、促进和谐的重要力量。

——坚持放管并重。处理好“放”和“管”的关系，既要简政放权，优化服务，积极培育扶持，又要加强事中事后监管，促进社会组织健康有序发展。

——坚持积极稳妥推进。统筹兼顾，分类指导，抓好试点，确保改革工作平稳过渡、有序推进。

（三）总体目标。到2020年，统一登记、各司其职、协调配合、分级负责、依法监管的中国特色社会组织管理体制建立健全，社会组织法规政策更加完善，综合监管更加有效，党组织作用发挥更加明显，发展环境更加优化；政社分开、权责明确、依法自治的社会组织制度基本建立，结构合理、功能完善、竞争有序、诚信自律、充满活力的社会组织发展格局基本形成。

三、大力培育发展社区社会组织

（一）降低准入门槛。对在城乡社区开展为民服务、养老照护、公益慈善、促进和谐、文体娱乐和农村生产技术服务等活动的社区社会组织，采取降低准入门槛的办法，支持鼓励发展。对符合登记条件的社区社会组织，优化服务，加快审核办理程序，并简化登记程序。对达不到登记条件的社区社会组织，按照不同规模、业务范围、成员构成和服务对象，由街道办事处（乡镇政府）实施管理，加强分类指导和业务指导。鼓励在街道（乡镇）成立社区社会组织联合会，发挥管理服务协调作用。

（二）积极扶持发展。鼓励依托街道（乡镇）综合服务中心和城乡社区服务站等设施，建立社区社会组织综合服务平台，为社区社会组织提供组织运作、活动场地、活动经费、人才队伍等方面支持。采取政府购买服务、设立项目资金、补贴活动经费等措施，加大对社区社会组织扶持力度，重点培育为老年人、妇女、儿童、残疾人、失业人员、农民工、服刑人员未成年子女、困难家庭、严重精神障碍患者、有不良行为青少年、社区矫正人员等特定群体服务的社区社会组织。有条件的地方可探索建立社区社会组织孵化机制，设立孵化培育资金，建设孵化基地。鼓励社会力量支持社区社会组织发展。

（三）增强服务功能。发挥社区社会组织在创新基层社会治理中的积极作用，推动建立多元主体参与的社区治理格局。鼓励社区社会组织开展邻里互助、居民融入、纠纷调解、平安创建等社区活动，组织社区居民参与社区公共事务和公益事业，促进社区和谐稳定。支持社区社会组织承接社区公共服务和基层政府委托事项，开展社区志愿服务。建立社区社会组织与社区建设、社会工作联动机制，促进资源共享、优势互补，把社区社会组织建设成为增强社区自治和服务功能、吸纳社会工作人才的重要载体。

四、完善扶持社会组织发展政策措施

（一）支持社会组织提供公共服务。结合政府职能转变和行政审批改革，将政府部门不宜行使、适合市场和社会提供的事务性管理工作及公共服务，通过竞争性方式交由社会组织承担。逐步扩大政府向社会组织购买服务的范围和规模，对民生保障、社会治理、行业管理等公共服务项目，同等条件下优先向社会组织购买。

（二）完善财政税收支持政策。中央财政继续安排专项资金，有条件的地方可参照安排专项资金，支持社会组织参与社会服务，加强社会组织能力建设，有计划有重点地扶持一批品牌性社会组织。落实国家对社会组织各项税收优惠政策，符合条件的社会组织按照有关法律法规享受相关税收优惠政策。财政、税务部门要结合综合监管体制建设，研究完善社会组织税收政策体系和票据管理制度，改进和落实公益慈善事业捐赠税收优惠制度。鼓励银行业金融机构加大对符合条件社会组织的金融支持力度。

（三）完善人才政策。把社会组织人才工作纳入国家人才工作体系，对社会组织的专业技术人员执行与相关行业相同的职业资格、注册考核、职称评定政策，对符合条件的社会组织专门人才给予相关补贴，将社会组织人才纳入国家专业技术人才知识更新工程。建立社会组织负责人培训制度，引导其自觉践行社会主义核心价值观，增强社会责任意

识和诚信意识。积极向国际组织推荐具备国际视野的社会组织人才。有关部门和群团组织要将社会组织及其从业人员纳入有关表彰奖励推荐范围。民政部、人力资源社会保障部要会同有关部门研究制定加强社会组织人才工作的意见。

（四）发挥社会组织积极作用。进一步发挥社会组织在促进经济发展、管理社会事务、提供公共服务中的作用。支持社会组织尤其是行业协会商会在服务企业发展、规范市场秩序、开展行业自律、制定团体标准、维护会员权益、调解贸易纠纷等方面发挥作用，使之成为推动经济发展的重要力量。支持社会组织在创新社会治理、化解社会矛盾、维护社会秩序、促进社会和谐等方面发挥作用，使之成为社会建设的重要主体。支持社会组织在发展公益慈善事业、繁荣科学文化、扩大就业渠道等方面发挥作用，满足人民群众多样化需求。

五、依法做好社会组织登记审查

（一）稳妥推进直接登记。重点培育、优先发展行业协会商会类、科技类、公益慈善类、城乡社区服务类社会组织。成立行业协会商会，按照《行业协会商会与行政机关脱钩总体方案》的精神，直接向民政部门依法申请登记。在自然科学和工程技术领域内从事学术研究和交流活动的科技类社会组织，以及提供扶贫、济困、扶老、救孤、恤病、助残、救灾、助医、助学服务的公益慈善类社会组织，直接向民政部门依法申请登记。为满足城乡社区居民生活需求，在社区内活动的城乡社区服务类社会组织，直接向县级民政部门依法申请登记。民政部门审查直接登记申请时，要广泛听取意见，根据需要征求有关部门意见或组织专家进行评估。国务院法制办要抓紧推动修订《社会团体登记管理条例》等行政法规。民政部要会同有关部门尽快制定直接登记的社会组织分类标准和具体办法。

（二）完善业务主管单位前置审查。对直接登记范围之外的其他社会组织，继续实行登记管理机关和业务主管单位双重负责的管理体制。业务主管单位要健全工作程序，完善审查标准，切实加强对社会组织名称、宗旨、业务范围、发起人和拟任负责人的把关，支持符合条件的社会组织依法成立。

（三）严格民政部门登记审查。民政部门要会同行业管理部门及相关党建工作机构，加强对社会组织发起人、拟任负责人资格审查。对跨领域、跨行业以及业务宽泛、不易界定的社会组织，按照明确、清晰、聚焦主业的原则，加强名称审核、业务范围审定，听取利益相关方和管理部门意见。严禁社会组织之间建立垂直领导或变相垂直领导关系，严禁社会组织设立地域性分支机构。对全国性社会团体，要从成立的必要性、发起人的代表性、会员的广泛性等方面认真加以审核，业务范围相似的，要充分进行论证。活动地域跨省（自治区、直辖市）的社会组织比照全国性社会组织从严审批。

（四）强化社会组织发起人责任。国务院法制办会同民政部推动将社会组织发起人的资格、人数、行为、责任等事项纳入有关行政法规予以规范。发起人应当对社会组织登记材料的合法性、真实性、准确性、有效性、完整性负责，对社会组织登记之前的活动负责，主要发起人应当担任首届负责人。建立发起人不良行为记录档案。发起人不得以拟成立社会组织名义开展与发起无关的活动，禁止向非特定对象发布筹备和筹款信息。党政领导干部未经批准不得发起成立社会组织。经批准担任发起人但不履行责任的，批准机关要严肃问责。

六、严格管理和监督

（一）加强对社会组织负责人的管理。民政部门会同有关部门建立社会组织负责人任职、约谈、警告、责令撤换、从业禁止等管理制度，落实法定代表人离任审计制度。建立负责人不良行为记录档案，强化社会组织负责人过错责任追究，对严重违法违规的，责令撤换并依法依规追究责任。推行社会组织负责人任职前公示制度、法定代表人述职制度。

（二）加强对社会组织资金的监管。建立民政部门牵头，财政、税务、审计、金融、公安等部门参加的资金监管机制，共享执法信息，加强风险评估、预警。民政、财政部门要推动社会组织建立健全内控管理机制，严格执行国家有关财务会计制度和票据管理使用制度，推行社会组织财务信息公开和注册会计师审计制度。财政部门要加强对社会组织财政、财务、会计等政策执行情况的监督检查，发现问题依法处罚并及时通报民政部门。税务部门要推动社会组织依法进行税务登记，对于没有在税务机关登记的社会组织，要在本意见下发后半年内完成登记手续；加强对社会组织非营利性的监督，严格核查非营利组织享受税收优惠政策的条件，落实非营利性收入免税申报和经营性收入依法纳税制度；加强对社会组织的税务检查，对违法违规开展营利性经营活动的，依法取消税收优惠资格，通报有关部门依法处罚社会组织和主要责任人。审计机关要对社会组织的财务收支情况、国有资产管理使用情况进行审计监督。金融管理部门要加强对社会组织账户的监管、对资金往来特别是大额现金支付的监测，防范和打击洗钱和恐怖融资等违法犯罪活动。中国人民银行要会同民政部加快研究将社会组织纳入反洗钱监管体系。

（三）加强对社会组织活动的管理。各级政府及有关部门要按照职能分工加强对社会组织内部治理、业务活动、对外交往的管理。民政部门要通过检查、评估等手段依法监督社会组织负责人、资金、活动、信息公开、章程履行等情况，建立社会组织“异常名录”和“黑名单”，加强与有关部门的协调联动，将社会组织的实际表现情况与社会组织享受税收优惠、承接政府转移职能和购买服务等挂钩。民政部门要会同有关部门建立联合执法制度，严厉查处违法违规行为，依法取缔未经登记的各类非法社会组织。对被依法取缔后仍以非法社会组织名义活动的，公安机关要依法处理。行业管理部门要将社会组织纳入行业管理，加强业务指导和行业监管，引导社会组织健康发展，配合登记管理机关做好本领域社会组织的登记审查，协助登记管理机关和相关部门做好对本领域社会组织非法活动和非法社会组织的查处。外交、公安、物价、人力资源社会保障等部门对社会组织涉及本领域的事项事务履行监管职责，依法查处违法违规行为并及时向民政部门通报。实行双重管理的社会组织的业务主管单位，要对所主管社会组织的思想政治工作、党的建设、财务和人事管理、研讨活动、对外交往、接收境外捐赠资助、按章程开展活动等事项切实负起管理责任，每年组织专项监督抽查，协助有关部门查处社会组织违法违规行为，督促指导内部管理混乱的社会组织进行整改，组织指导社会组织清算工作。

（四）规范管理直接登记的社会组织。直接登记的行业协会商会类、科技类、公益慈善类、城乡社区服务类社会组织的综合监管以及党建、外事、人力资源服务等事项，参照《行业协会商会与行政机关脱钩总体方案》及配套政策执行，落实“谁主管谁负责”的原则，切实加强事中事后监管。对已经成立的科技类、公益慈善类、城乡社区服务类社会组织，本着审慎推进、稳步过渡的原则，通过试点逐步按照对直接登记社会组织的管理方式进行管理。民政部要会同有关部门制定全国性社会组织试点方案，具体负责组织实施。地方社会组织试点工作，在各省（自治区、直辖市）党委和政府统一领导下，由民政部门具体负责组织实施，试点方案要根据当地情况研究制定。具备条件的地方可探索一业多会。已开展试点工作的地区要根据本意见精神进一步完善试点工作。

（五）加强社会监督。鼓励支持新闻媒体、社会公众对社会组织进行监督。民政部要会同有关部门制定实施各类社会组织信息公开办法，探索建立社会组织年度报告制度，规范公开内容、机制和方式，提高透明度；探索建立专业化、社会化的第三方监督机制，建立健全社会组织第三方评估机制，确保评估信息公开、程序公平、结果公正；建立对社会组织违法违规行为及非法社会组织投诉举报受理和奖励机制，依法向社会公告行政处罚和取缔情况。

（六）健全社会组织退出机制。对严重违反国家有关法律法规的社会组织，要依法吊销其登记证书；对弄虚作假骗取登记的社会组织，依法撤销登记；对未经许可擅自以社会组织名义开展活动的非法社会组织，依法予以取缔。完善社会组织清算、注销制度，确保社会组织资产不被侵占、私分或者挪用。

七、规范社会组织涉外活动

引导社会组织有序开展对外交流，参加非政府间国际组织，参与国际标准和规则制定，发挥社会组织在对外经济、文化、科技、体育、环保等交流中的辅助配合作用，在民间对外交往中的重要平台作用。完善相应登记管理制度，积极参与新建国际性社会组织，支持成立国际性社会组织，服务构建开放型经济新体制。确因工作需要在境外设立分支（代表）机构的，必须经业务主管单位或者负责其外事管理的单位批准。党政领导干部如确需以个人身份加入境外专业、学术组织或兼任该组织有关职务的，按干部管理权限和有关规定报批。

八、加强社会组织自身建设

（一）健全社会组织法人治理结构。针对不同类型社会组织特点制定章程示范文本。社会组织要依照法规政策和章程建立健全法人治理结构和运行机制以及党组织参与社会组织重大问题决策等制度安排，完善会员大会（会员代表大会）、理事会、监事会制度，落实民主选举、民主决策和民主管理，健全内部监督机制，成为权责明确、运转协调、制衡有效的法人主体，独立承担法律责任。推动社会组织建立健全内部纠纷解决机制，推行社会组织人民调解制度，引导当事人通过司法途径依法解决纠纷。

（二）充分发挥党组织的战斗堡垒作用和党员的先锋模范作用。社会组织党组织要紧紧围绕党章赋予党的基层组织的基本任务开展工作，团结凝聚群众，保证社会组织正确政治方向；对社会组织重要事项决策、重要业务活动、大额经费开支、接收大额捐赠、开展涉外活动等提出意见，加强对社会组织分支机构党建工作的指导，对具备条件的分支机构，督促其及时建立党组织。对住所地不在北京以及设立分支机构的全国性、跨区域社会组织，除按有关规定由中央直属机关工委、中央国家机关工委、国务院国资委党委加强党的领导外，住所地及分支机构所在地党委应当按照“条块结合”的要求，加强对有关社会组织及其分支机构党组织的日常指导和监管服务。社会组织党组织书记一般从社会组织内部产生，提倡党员社会组织负责人担任党组织书记。规模较大、成员较多或没有合适党组织书记人选的社会组织，上级党组织可按规定选派党组织书记。积极开展党员先锋岗、党员责任区、党员公开承诺等活动。注重在社会组织负责人、管理层和业务骨干中培养和发展党员。坚持党建带群建，推动有条件的社会组织建立工会、共青团、妇联等群团组织。支持工会代表职工对社会组织贯彻执行有关法律法规和政策实施监督。

（三）加强社会组织诚信自律建设。推动社会组织建立诚信承诺制度，建立行业性诚信激励和惩戒机制。支持社会组织建立社会责任标准体系，积极履行社会责任。引导社会组织建立活动影响评估机制，对可能引发社会风险的重要事项应事先向政府有关部门报告。强化社会组织管理服务意识，社会团体设立机构、发展会员要与其管理服务能力相适应。探索建立各领域社会组织行业自律联盟，通过发布公益倡导、制定活动准则、实行声誉评价等形式，引领和规范行业内社会组织的行为。规范社会组织收费行为，严禁巧立名目乱收费，切实防止只收费不服务、只收费不管理的现象。

（四）推进社会组织政社分开。支持社会组织自我约束、自我管理，发挥提供服务、反映诉求、规范行为、促进和谐的作用。贯彻落实《行业协会商会与行政机关脱钩总体方案》，稳妥开展脱钩试点。除法律法规有特殊规定外，政府部门不得授权或委托社会组织行使行政审批。国务院决定取消的行政审批事项，原承担审批职能的部门不得通过任何形式指定交由行业协会商会继续审批。严格执行《中共中央办公厅、国务院办公厅关于党政机关领导干部不兼任社会团体领导职务的通知》、《中共中央组织部关于规范退（离）休领导干部在社会团体兼职问题的通知》，从严规范公务员兼任社会团体负责人，因特殊情况确需兼任的，按照干部管理权限从严审批，且兼职一般不得超过 1 个。在职公务员不得兼任基金会、社会服务机构负责人，已兼职的在本意见下发后半年内应辞去公职或辞去社会组织职务。

九、加强党对社会组织工作的领导

（一）完善领导体制。各级党委和政府要把加强和改进社会组织管理工作列入重要议事日程，列入地方党委和政府绩效考核内容和社会治安综合治理考评体系。地方党委和政府要建立完善研究决定社会组织工作重大事项制度；党委常委会应该定期听取社会组织工作汇报。各部门党组（党委）要加强对社会组织管理工作的组织领导，落实党建工作责任制，制定本部门管理规定，配齐配强相关管理力量，抓好督促落实。中央建立社会组织工作协调机制，地方各级要建立相应机制，统筹、规划、协调、指导社会组织工作，及时研究解决工作中出现的问题。重视和加强社会组织党风廉政建设和反腐败工作，完善社会组织惩治和预防腐败机制。

（二）推进社会组织党的组织和工作有效覆盖。按照应建尽建的原则，加大社会组织党组织组建力度，实现党的组织和工作全覆盖。暂不具备组建条件的社会组织，可通过选派党建工作指导员、联络员或建立工会、共青团组织等开展党的工作，条件成熟时及时建立党组织。新成立的社会组织，具备组建条件的应同步建立党组织。经党中央批准，全国性重要社会组织可以设立党组。各有关部门要结合社会组织登记、检查、评估以及日常监管等工作，督促推动社会组织及时成立党组织和开展党的工作。

（三）加强社会组织党建工作基础保障。推动建立多渠道、多元化投入的党建工作基础保障，提倡企事业单位、机关和街道社区、乡镇、村党组织与社会组织党组织资源共享、共建互促，为党组织开展活动、发挥作用创造条件。根据实际给予社会组织党组织书记和专职党务工作者适当工作津贴。加强对社会组织负责人的思想政治教育，引导他们主动支持党建工作。推动将党的建设写入社会组织章程。

十、抓好组织实施

（一）加快法制建设。加快修订出台社会团体、基金会和民办非企业单位登记管理条例。研究制定志愿服务和行业协会商会等方面的单项法律法规。加快调研论证，适时启动社会组织法的研究起草工作。鼓励和支持有条件的地方根据本意见精神出台地方性法规、地方政府规章。

（二）加强服务管理能力建设。各有关部门、地方各级政府要寓服务于管理中，加强社会组织管理服务队伍建设，配齐配强工作力量，确保事有人管、责有人负。各级民政部门特别是县级民政部门要有专门机构和人员负责社会组织登记管理日常工作。重点加强执法队伍建设，保障工作经费，确保服务到位、执法有力、监管有效。加快建设全国社会组织管理信息系统和社会组织信用信息管理平台，推进社会组织法人库建设，提高监管水平和服务能力。

（三）加强宣传引导。充分利用报刊、广播、电视、网络等多种方式，广泛宣传社会组织在参与社会建设和治理中的积极作用，及时总结、宣传、推广社会组织先进典型，加强社会组织理论研究和文化建设，提高公众对社会组织的认识，为社会组织改革发展营造良好社会氛围。

（四）做好督促落实工作。各省（自治区、直辖市）党委和政府要结合实际制定本地区社会组织管理制度改革的具体实施意见，做好组织贯彻落实工作。各有关部门要根据本意见要求和职责分工，抓紧制定落实相关配套政策措施和具体管理办法，做好本系统社会组织改革工作。民政部要会同有关部门做好本意见执行情况的监督检查，确保各项任务落到实处。

社会团体登记管理条例

（1998年10月25日国务院令第250号发布　根据2016年2月6日国务院令第666号《国务院关于修改部分行政法规的决定》修订）

第一章　总则

第一条　为了保障公民的结社自由，维护社会团体的合法权益，加强对社会团体的登记管理，促进社会主义物质文明、精神文明建设，制定本条例。

第二条　本条例所称社会团体，是指中国公民自愿组成，为实现会员共同意愿，按照其章程开展活动的非营利性社会组织。

国家机关以外的组织可以作为单位会员加入社会团体。

第三条　成立社会团体，应当经其业务主管单位审查同意，并依照本条例的规定进行登记。

社会团体应当具备法人条件。

下列团体不属于本条例规定登记的范围：

（一）参加中国人民政治协商会议的人民团体；

（二）由国务院机构编制管理机关核定，并经国务院批准免于登记的团体；

（三）机关、团体、企业事业单位内部经本单位批准成立、在本单位内部活动的团体。

第四条 社会团体必须遵守宪法、法律、法规和国家政策，不得反对宪法确定的基本原则，不得危害国家的统一、安全和民族的团结，不得损害国家利益、社会公共利益以及其他组织和公民的合法权益，不得违背社会道德风尚。

社会团体不得从事营利性经营活动。

第五条 国家保护社会团体依照法律、法规及其章程开展活动，任何组织和个人不得非法干涉。

第六条 国务院民政部门和县级以上地方各级人民政府民政部门是本级人民政府的社会团体登记管理机关（以下简称登记管理机关）。

国务院有关部门和县级以上地方各级人民政府有关部门、国务院或者县级以上地方各级人民政府授权的组织，是有关行业、学科或者业务范围内社会团体的业务主管单位（以下简称业务主管单位）。

法律、行政法规对社会团体的监督管理另有规定的，依照有关法律、行政法规的规定执行。

第二章　管辖

第七条 全国性的社会团体，由国务院的登记管理机关负责登记管理；地方性的社会团体，由所在地人民政府的登记管理机关负责登记管理；跨行政区域的社会团体，由所跨行政区域的共同上一级人民政府的登记管理机关负责登记管理。

第八条 登记管理机关、业务主管单位与其管辖的社会团体的住所不在一地的，可以委托社会团体住所地的登记管理机关、业务主管单位负责委托范围内的监督管理工作。

第三章　成立登记

第九条　申请成立社会团体，应当经其业务主管单位审查同意，由发起人向登记管理机关申请登记。

筹备期间不得开展筹备以外的活动。

第十条　成立社会团体，应当具备下列条件：

（一）有50个以上的个人会员或者30个以上的单位会员；个人会员、单位会员混合组成的，会员总数不得少于50个；

（二）有规范的名称和相应的组织机构；

（三）有固定的住所；

（四）有与其业务活动相适应的专职工作人员；

（五）有合法的资产和经费来源，全国性的社会团体有10万元以上活动资金，地方性的社会团体和跨行政区域的社会团体有3万元以上活动资金；

（六）有独立承担民事责任的能力。

社会团体的名称应当符合法律、法规的规定，不得违背社会道德风尚。社会团体的名称应当与其业务范围、成员分布、活动地域相一致，准确反映其特征。全国性的社会团体的名称冠以“中国”、“全国”、“中华”等字样的，应当按照国家有关规定经过批准，地方性的社会团体的名称不得冠以“中国”、“全国”、“中华”等字样。

第十一条　申请登记社会团体，发起人应当向登记管理机关提交下列文件：

（一）登记申请书；

（二）业务主管单位的批准文件；

（三）验资报告、场所使用权证明；

（四）发起人和拟任负责人的基本情况、身份证明；

（五）章程草案。

第十二条 登记管理机关应当自收到本条例第十一条所列全部有效文件之日起60日内，作出准予或者不予登记的决定。准予登记的，发给《社会团体法人登记证书》；不予登记的，应当向发起人说明理由。

社会团体登记事项包括：名称、住所、宗旨、业务范围、活动地域、法定代表人、活动资金和业务主管单位。

社会团体的法定代表人，不得同时担任其他社会团体的法定代表人。

第十三条 有下列情形之一的，登记管理机关不予登记：

（一）有根据证明申请登记的社会团体的宗旨、业务范围不符合本条例第四条的规定的；

（二）在同一行政区域内已有业务范围相同或者相似的社会团体，没有必要成立的；

（三）发起人、拟任负责人正在或者曾经受到剥夺政治权利的刑事处罚，或者不具有完全民事行为能力的；

（四）在申请登记时弄虚作假的；

（五）有法律、行政法规禁止的其他情形的。

第十四条 社会团体的章程应当包括下列事项：

（一）名称、住所；

（二）宗旨、业务范围和活动地域；

（三）会员资格及其权利、义务；

（四）民主的组织管理制度，执行机构的产生程序；

（五）负责人的条件和产生、罢免的程序；

（六）资产管理和使用的原则；

（七）章程的修改程序；

（八）终止程序和终止后资产的处理；

（九）应当由章程规定的其他事项。

第十五条 依照法律规定，自批准成立之日起即具有法人资格的社会团体，应当自批准成立之日起60日内向登记管理机关提交批准文件，申领《社会团体法人登记证书》。登记管理机关自收到文件之日起30日内发给《社会团体法人登记证书》。

第十六条 社会团体凭《社会团体法人登记证书》申请刻制印章，开立银行账户。社会团体应当将印章式样和银行账号报登记管理机关备案。

第十七条 社会团体的分支机构、代表机构是社会团体的组成部分，不具有法人资格，应当按照其所属于的社会团体的章程所规定的宗旨和业务范围，在该社会团体授权的范围内开展活动、发展会员。社会团体的分支机构不得再设立分支机构。

社会团体不得设立地域性的分支机构。

第四章 变更登记、注销登记

第十八条 社会团体的登记事项需要变更的，应当自业务主管单位审查同意之日起30日内，向登记管理机关申请变更登记。

社会团体修改章程，应当自业务主管单位审查同意之日起30日内，报登记管理机关核准。

第十九条 社会团体有下列情形之一的，应当在业务主管单位审查同意后，向登记管理机关申请注销登记：

（一）完成社会团体章程规定的宗旨的；

（二）自行解散的；

（三）分立、合并的；

（四）由于其他原因终止的。

第二十条 社会团体在办理注销登记前，应当在业务主管单位及其他有关机关的指导下，成立清算组织，完成清算工作。清算期间，社会团体不得开展清算以外的活动。

第二十一条 社会团体应当自清算结束之日起 15 日内向登记管理机关办理注销登记。办理注销登记，应当提交法定代表人签署的注销登记申请书、业务主管单位的审查文件和清算报告书。

登记管理机关准予注销登记的，发给注销证明文件，收缴该社会团体的登记证书、印章和财务凭证。

第二十二条 社会团体处分注销后的剩余财产，按照国家有关规定办理。

第二十三条 社会团体成立、注销或者变更名称、住所、法定代表人，由登记管理机关予以公告。

第五章 监督管理

第二十四条 登记管理机关履行下列监督管理职责：

（一）负责社会团体的成立、变更、注销的登记；

（二）对社会团体实施年度检查；

（三）对社会团体违反本条例的问题进行监督检查，对社会团体违反本条例的行为给予行政处罚。

第二十五条 业务主管单位履行下列监督管理职责：

（一）负责社会团体成立登记、变更登记、注销登记前的审查；

（二）监督、指导社会团体遵守宪法、法律、法规和国家政策，依据其章程开展活动；

（三）负责社会团体年度检查的初审；

（四）协助登记管理机关和其他有关部门查处社会团体的违法行为；

（五）会同有关机关指导社会团体的清算事宜。

业务主管单位履行前款规定的职责，不得向社会团体收取费用。

第二十六条 社会团体的资产来源必须合法，任何单位和个人不得侵占、私分或者挪用社会团体的资产。

社会团体的经费，以及开展章程规定的活动按照国家有关规定所取得的合法收入，必须用于章程规定的业务活动，不得在会员中分配。

社会团体接受捐赠、资助，必须符合章程规定的宗旨和业务范围，必须根据与捐赠人、资助人约定的期限、方式和合法用途使用。社会团体应当向业务主管单位报告接受、使用捐赠、资助的有关情况，并应当将有关情况以适当方式向社会公布。

社会团体专职工作人员的工资和保险福利待遇，参照国家对事业单位的有关规定执行。

第二十七条 社会团体必须执行国家规定的财务管理制度，接受财政部门的监督；资产来源属于国家拨款或者社会捐赠、资助的，还应当接受审计机关的监督。

社会团体在换届或者更换法定代表人之前，登记管理机关、业务主管单位应当组织对其进行财务审计。

第二十八条 社会团体应当于每年 3 月 31 日前向业务主管单位报送上一年度的工作报告，经业务主管单位初审同意后，于 5 月 31 日前报送登记管理机关，接受年度检查。工作报告的内容包括：本社会团体遵守法律法规和国家政策的情况、依照本条例履行登记手续的情况、按照章程开展活动的情况、人员和机构变动的情况以及财务管理的情况。

对于依照本条例第十五条的规定发给《社会团体法人登记证书》的社会团体，登记管理机关对其应当简化年度检查的内容。

第六章　罚则

第二十九条　社会团体在申请登记时弄虚作假，骗取登记的，或者自取得《社会团体法人登记证书》之日起 1 年未开展活动的，由登记管理机关予以撤销登记。

第三十条　社会团体有下列情形之一的，由登记管理机关给予警告，责令改正，可以限期停止活动，并可以责令撤换直接负责的主管人员；情节严重的，予以撤销登记；构成犯罪的，依法追究刑事责任：

（一）涂改、出租、出借《社会团体法人登记证书》，或者出租、出借社会团体印章的；

（二）超出章程规定的宗旨和业务范围进行活动的；

（三）拒不接受或者不按照规定接受监督检查的；

（四）不按照规定办理变更登记的；

（五）违反规定设立分支机构、代表机构，或者对分支机构、代表机构疏于管理，造成严重后果的；

（六）从事营利性的经营活动的；

（七）侵占、私分、挪用社会团体资产或者所接受的捐赠、资助的；

（八）违反国家有关规定收取费用、筹集资金或者接受、使用捐赠、资助的。

前款规定的行为有违法经营额或者违法所得的，予以没收，可以并处违法经营额 1 倍以上 3 倍以下或者违法所得 3 倍以上 5 倍以下的罚款。

第三十一条　社会团体的活动违反其他法律、法规的，由有关国家机关依法处理；有关国家机关认为应当撤销登记的，由登记管理机关撤销登记。

第三十二条 筹备期间开展筹备以外的活动，或者未经登记，擅自以社会团体名义进行活动，以及被撤销登记的社会团体继续以社会团体名义进行活动的，由登记管理机关予以取缔，没收非法财产；构成犯罪的，依法追究刑事责任；尚不构成犯罪的，依法给予治安管理处罚。

第三十三条 社会团体被责令限期停止活动的，由登记管理机关封存《社会团体法人登记证书》、印章和财务凭证。

社会团体被撤销登记的，由登记管理机关收缴《社会团体法人登记证书》和印章。

第三十四条 登记管理机关、业务主管单位的工作人员滥用职权、徇私舞弊、玩忽职守构成犯罪的，依法追究刑事责任；尚不构成犯罪的，依法给予行政处分。

第七章　附则

第三十五条 《社会团体法人登记证书》的式样由国务院民政部门制定。

对社会团体进行年度检查不得收取费用。

第三十六条 本条例施行前已经成立的社会团体，应当自本条例施行之日起 1 年内依照本条例有关规定申请重新登记。

第三十七条 本条例自发布之日起施行。1989 年 10 月 25 日国务院发布的《社会团体登记管理条例》同时废止。

社会组织评估管理办法

（民政部令 2010 年第 39 号　2010 年 12 月 27 日）

第一章　总则

第一条　为了规范社会组织评估工作，制定本办法。

第二条　本办法所称社会组织是指经各级人民政府民政部门登记注册的社会团体、基金会、民办非企业单位。

第三条　本办法所称社会组织评估，是指各级人民政府民政部门为依法实施社会组织监督管理职责，促进社会组织健康发展，依照规范的方法和程序，由评估机构根据评估标准，对社会组织进行客观、全面的评估，并作出评估等级结论。

第四条　社会组织评估工作应当坚持分级管理、分类评定、客观公正的原则，实行政府指导、社会参与、独立运作的工作机制。

第五条　各级人民政府民政部门按照登记管理权限，负责本级社会组织评估工作的领导，并对下一级人民政府民政部门社会组织评估工作进行指导。

第二章　评估对象和内容

第六条　申请参加评估的社会组织应当符合下列条件之一：

（一）取得社会团体、基金会或者民办非企业单位登记证书满两个年度，未参加过社会组织评估的；

（二）获得的评估等级满 5 年有效期的。

第七条 社会组织有下列情形之一的，评估机构不予评估：

（一）未参加上年度年度检查；

（二）上年度年度检查不合格或者连续 2 年基本合格；

（三）上年度受到有关政府部门行政处罚或者行政处罚尚未执行完毕；

（四）正在被有关政府部门或者司法机关立案调查；

（五）其他不符合评估条件的。

第八条 对社会组织评估，按照组织类型的不同，实行分类评估。社会团体、基金会实行综合评估，评估内容包括基础条件、内部治理、工作绩效和社会评价。民办非企业单位实行规范化建设评估，评估内容包括基础条件、内部治理、业务活动和诚信建设、社会评价。

第三章 评估机构和职责

第九条 各级人民政府民政部门设立相应的社会组织评估委员会（以下简称评估委员会）和社会组织评估复核委员会（以下简称复核委员会），并负责对本级评估委员会和复核委员会的组织协调和监督管理。

第十条 评估委员会负责社会组织评估工作，负责制定评估实施方案、组建评估专家组、组织实施评估工作、作出评估等级结论并公示结果。

复核委员会负责社会组织评估的复核和对举报的裁定工作。

第十一条 评估委员会由 7 至 25 名委员组成，设主任 1 名、副主任若干名。复核委员会由 5 至 9 名委员组成，设主任 1 名、副主任 1 名。评估委员会和复核委员会委员由有关政府部门、研究机构、社会组织、会计师事务所、律师事务所等单位推荐，民政部门聘任。

评估委员会和复核委员会委员聘任期 5 年。

第十二条 评估委员会和复核委员会委员应当具备下列条件：

（一）熟悉社会组织管理工作的法律法规和方针政策；

（二）在所从事的领域具有突出业绩和较高声誉；

（三）坚持原则，公正廉洁，忠于职守。

第十三条 评估委员会召开最终评估会议须有 2/3 以上委员出席。最终评估采取记名投票方式表决，评估结论须经全体委员半数以上通过。

第十四条 评估委员会可以下设办公室或者委托社会机构（以下简称评估办公室），负责评估委员会的日常工作。

第十五条 评估专家组负责对社会组织进行实地考察，并提出初步评估意见。

评估专家组由有关政府部门、研究机构、社会组织、会计师事务所、律师事务所等有关专业人员组成。

第四章 评估程序和方法

第十六条 社会组织评估工作依照下列程序进行：

（一）发布评估通知或者公告；

（二）审核社会组织参加评估资格；

（三）组织实地考察和提出初步评估意见；

（四）审核初步评估意见并确定评估等级；

（五）公示评估结果并向社会组织送达通知书；

（六）受理复核申请和举报；

（七）民政部门确认社会组织评估等级、发布公告，并向获得 3A 以上评估等级的社会组织颁发证书和牌匾。

第十七条　地方各级人民政府民政部门应当将获得 4A 以上评估等级的社会组织报上一级民政部门审核备案。省级人民政府民政部门应当在每年 12 月 31 日前，将本行政区域社会组织等级评估情况以及获得 5A 评估等级的社会组织名单上报民政部。

第十八条　评估期间，评估机构和评估专家有权要求参加评估的社会组织提供必要的文件和证明材料。参加评估的社会组织应当予以配合，如实提供有关情况和资料。

第五章　回避与复核

第十九条　评估委员会委员、复核委员会委员和评估专家有下列情形之一的，应当回避：

（一）与参加评估的社会组织有利害关系的；

（二）曾在参加评估的社会组织任职，离职不满 2 年的；

（三）与参加评估的社会组织有其他可能影响评估结果公正关系的。

参加评估的社会组织向评估办公室提出回避申请，评估办公室应当及时作出是否回避的决定。

第二十条　参加评估的社会组织对评估结果有异议的，可以在公示期内向评估办公室提出书面复核申请。

第二十一条　评估办公室对社会组织的复核申请和原始证明材料审核认定后，报复核委员会进行复核。

第二十二条　复核委员会应当充分听取评估专家代表的初步评估情况介绍和申请复核社会组织的陈述，确认复核材料，并以记名投票方式表决，复核结果须经全体委员半数以上通过。

第二十三条 复核委员会的复核决定，应当于作出决定之日起15日内，以书面形式通知申请复核的社会组织。

第二十四条 评估办公室受理举报后，应当认真核实，对情况属实的作出处理意见，报复核委员会裁定。裁定结果应当及时告知举报人，并通知有关社会组织。

第二十五条 评估委员会委员、复核委员会委员和评估专家应当实事求是、客观公正，遵守评估工作纪律。

第六章　评估等级管理

第二十六条 社会组织评估结果分为5个等级，由高至低依次为5A级（AAAAA）、4A级（AAAA）、3A级（AAA）、2A级（AA）、1A级（A）。

第二十七条 获得评估等级的社会组织在开展对外活动和宣传时，可以将评估等级证书作为信誉证明出示。评估等级牌匾应当悬挂在服务场所或者办公场所的明显位置，自觉接受社会监督。

第二十八条 社会组织评估等级有效期为5年。

获得3A以上评估等级的社会组织，可以优先接受政府职能转移，可以优先获得政府购买服务，可以优先获得政府奖励。

获得3A以上评估等级的基金会、慈善组织等公益性社会团体可以按照规定申请公益性捐赠税前扣除资格。

获得4A以上评估等级的社会组织在年度检查时，可以简化年度检查程序。

第二十九条 评估等级有效期满前2年，社会组织可以申请重新评估。

符合参加评估条件未申请参加评估或者评估等级有效期满后未再申请参加评估的社会组织，视为无评估等级。

第三十条 获得评估等级的社会组织有下列情形之一的，由民政部门作出降低评估等级的处理，情节严重的，作出取消评估等级的处理：

（一）评估中提供虚假情况和资料，或者与评估人员串通作弊，致使评估情况失实的；

（二）涂改、伪造、出租、出借评估等级证书，或者伪造、出租、出借评估等级牌匾的；

（三）连续2年年度检查基本合格的；

（四）上年度年度检查不合格或者上年度未参加年度检查的；

（五）受相关政府部门警告、罚款、没收非法所得、限期停止活动等行政处罚的；

（六）其他违反法律法规规定情形的。

第三十一条 被降低评估等级的社会组织在2年内不得提出评估申请，被取消评估等级的社会组织在3年内不得提出评估申请。

第三十二条 民政部门应当以书面形式将降低或者取消评估等级的决定，通知被处理的社会组织及其业务主管单位和政府相关部门，并向社会公告。

第三十三条 被取消评估等级的社会组织须在收到通知书之日起15日内将原评估等级证书、牌匾退回民政部门；被降低评估等级的社会组织须在收到通知书之日起15日内将评估等级证书、牌匾退回民政部门，换发相应的评估等级证书、牌匾。拒不退回（换）的，由民政部门公告作废。

第三十四条 评估委员会委员、复核委员会委员和评估专家在评估工作中未履行职责或者弄虚作假、徇私舞弊的，取消其委员或者专家资格。

第七章　附则

第三十五条　社会组织评估经费从民政部门社会组织管理工作经费中列支。不得向评估对象收取评估费用。

第三十六条　社会组织评估标准和内容、评估等级证书牌匾式样由民政部统一制定。

第三十七条　本办法自 2011 年 3 月 1 日起施行。

全国性学术类社团评估指标（2020年度）

一级指标	二级指标	三级指标	四级指标	分值	星标
基础条件（60分）	法人资格（25分）	法定代表人(5分)	任职资格符合规定	5	
		活动资金（5分）	年末净资产不低于注册资金	5	
		名称（5分）	名称牌匾悬挂情况	5	
		住所（10分）	有独立的办公用房	5	
			主要办事机构所在地登记为住所	5	
	登记管理（35分）	章程（12分）	章程制定（修改）程序符合规定	5	
			章程修改后履行核准程序	7	
		登记和备案（13分）	名称、业务范围、住所、注册资金、法定代表人、业务主管单位等按规定办理变更登记	5	
			负责人按规定办理备案	8	
		年检（10分）	年检结论	10	
内部治理（430分）	组织机构（80分）	发展规划（5分）	发展规划制定情况	5	
		会员（代表）大会（8分）	会议方案及会员代表产生办法	3	
			按章程召开会员（代表）大会	5	
		理事会、常务理事会（25分）	按期换届情况	4	
			理事产生及理事会召开情况	6	
			常务理事产生及常务理事会召开情况	6	
			会议纪要规范	4	
			理事会（常务理事会）按章程履行职权	5	
		监事或监事会（4分）	设立情况	2	
			作用发挥	2	
		民主决策（13分）	会员（代表）大会表决事项及表决形式	7	
			负责人产生形式	6	
		分支（代表）机构（25分）	设立程序符合规定	5	*
			名称使用符合规定	5	
			制定管理办法	2	
			管理及工作开展情况	13	

续表

一级指标	二级指标	三级指标	四级指标	分值	星标
内部治理（430分）	党建工作（65分）	党的建设和社会主义核心价值观载入章程（10分）	坚持党的全面领导载入章程	5	
			社会主义核心价值观载入章程	5	
		党组织建立情况（15分）	党组织建立情况	15	*
		党组织活动情况（40分）	组织生活制度落实情况	10	
			组织党员开展活动情况	10	
			党组织发挥作用情况	20	
	人力资源（45分）	负责人（20分）	党政领导干部（含退离休）兼职和取酬情况	7	
			年龄届次符合规定	8	
			秘书长专职	5	
		人事管理（25分）	专职工作人员数量	7	
			劳动合同签订及薪酬管理	5	
			组织或参加法律法规或业务培训	8	
			社会保险及住房公积金	5	
	档案、证章管理（15分）	管理制度（5分）	档案、证章管理制度	5	
		管理情况（10分）	档案、证章管理情况	10	
	财务资产（225分）	合法运营（35分）	经费来源和资金使用	15	*
			资金列入符合规定的单位账簿	20	
		会计人员（12分）	会计人员配备	5	
			会计人员岗位职责	3	
			会计机构负责人	2	
			会计人员变动	2	
		会计核算（40分）	核算流程	3	
			账务处理	30	*
			会计电算化	2	
			会计档案管理	5	

续表

一级指标	二级指标	三级指标	四级指标	分值	星标
内部治理（430 分）	财务资产（225 分）	货币资金和实物资产管理（24 分）	货币资金管理制度	2	
			货币资金使用	10	
			实物资产管理制度	2	
			实物资产使用	10	
		投资管理（12 分）	投资管理制度	2	
			投资管理	10	*
		业务收支（35 分）	会费标准	5	
			收入管理	15	
			支出管理	15	*
		分支机构财务管理（27 分）	管理制度	2	
			管理情况	25	*
		税收和票据（19 分）	纳税管理	6	
			票据管理	3	
			会费收据使用	8	*
			捐赠票据使用	2	
		财务报告（10 分）	财务报告制度	2	
			财务报告编制	8	
		财务监督（11 分）	监督制度	2	
			监事监督	3	
			换届审计	2	
			离任审计	4	
工作绩效（390 分）	学术活动（140 分）	学术会议（45 分）	主办国内学术会议次数	10	
			出席学术会议人员情况	10	
			学术会议交流论文情况	15	
			主办国内学术会议的影响力	10	
		学术书刊（35 分）	专业期刊	15	
			内部资料	5	
			专业书籍	15	

续表

一级指标	二级指标	三级指标	四级指标	分值	星标
工作绩效（390 分）	学术活动（140 分）	学术研究（45 分）	学术发展规划	10	
			承担课题	15	
			组织课题	10	
			研究成果	10	
		学术自律（15 分）	学术自律制度及实施	15	
	建议咨询（55 分）	政策建议（20 分）	参与制定法律法规或发展规划	10	
			提出政策建议	10	
		咨询评估（35 分）	专业咨询服务	10	
			标准制定	15	
			开展技能人才评价工作	10	
	科普公益（60 分）	科普活动（30 分）	科普活动次数	10	
			科普活动方式	10	
			科普活动影响力	10	
		社会责任（30 分）	参与疫情防控情况	15	
			参与脱贫攻坚工作情况	15	
	人才建设（65 分）	人才培养（45 分）	继续教育及培训	10	
			青年人才培养	10	
			专业人才举荐	5	
			按规定开展评比达标表彰活动	20	
		会员服务与管理（20 分）	会员管理	10	
			会员服务	5	
			会费收缴情况	5	
	信息公开与宣传（40 分）	平台建设（25 分）	信息平台种类	8	
			网站建设	10	
			新闻发言人	7	
		公开内容（15 分）	基本信息（登记事项、章程、组织机构、负责人等）	5	
			年度工作报告、财务工作报告	5	
			会费收支情况	5	

续表

一级指标	二级指标	三级指标	四级指标	分值	星标
工作绩效（390分）	国际交流与合作（30分）	交流合作（20分）	国际和港澳台学术会议次数和影响力	10	
			学术交流活动	5	
			国际合作项目	5	
		国际影响力（10分）	经批准参加国际组织	7	
			国际化程度	3	
社会评价（120分）	内部评价（50分）	会员评价（20分）	对服务质量的评价	20	
		理事评价（20分）	对管理状况、综合影响力的评价	20	
		工作人员评价（10分）	对管理状况、综合影响力的评价	10	
	外部评价（70分）	登记管理机关（30分）	对作用发挥、接受监督管理情况的评价	30	
		业务主管单位（30分）	对作用发挥、接受监督管理情况的评价	30	
		表彰奖励情况（10分）	政府部门表彰奖励	10	

注："*"标项指标为重点考察指标。

社会组织信用信息管理办法

（中华人民共和国民政部令第 60 号　2018 年 1 月 24 日）

第一条　为加强社会组织信用信息管理，推进社会组织信用体系建设，促进社会组织健康有序发展，依据有关法律法规和国家有关规定，制定本办法。

第二条　本办法适用于社会组织登记管理机关（以下简称登记管理机关）在依法履行职责过程中形成或者获取的与社会组织信用状况有关信息的管理。

政府其他有关部门以及司法机关在履行职责过程中形成的与社会组织信用状况有关的信息，依法依规纳入社会组织信用信息进行管理。

第三条　国务院民政部门指导全国社会组织信用信息管理工作。

国务院民政部门和县级以上地方各级人民政府民政部门负责在本机关登记的社会组织信用信息管理工作。

第四条　社会组织信用信息的管理应当遵循依法公开、统一管理、分级负责、信息共享、动态更新的原则。

第五条　登记管理机关开展社会组织信用信息管理工作，应当依法保守国家秘密、商业秘密和个人隐私。

第六条　社会组织信用信息包括基础信息、年报信息、行政检查信息、行政处罚信息和其他信息。

第七条　基础信息是指反映社会组织登记、核准和备案等事项的信息。

年报信息是指社会组织依法履行年度工作报告义务并向社会公开的信息。

行政检查信息是指登记管理机关及政府有关部门对社会组织开展监督检查形成的结论性信息。

行政处罚信息是指社会组织受到的行政处罚种类、处罚结果、违法事实、处罚依据、处罚时间、作出行政处罚的部门等信息。

其他信息是指社会组织评估等级及有效期限、获得的政府有关部门的表彰奖励、承接政府购买服务或者委托事项、公开募捐资格、公益性捐赠税前扣除资格等与社会组织信用有关的信息。

第八条 登记管理机关应当在信息形成或者获取后5个工作日内将应予记录的社会组织信用信息采集录入到社会组织信息管理系统。尚未建立社会组织信息管理系统的登记管理机关，应当采取适当方式及时采集、记录相关信息。

登记管理机关应当加强对信用信息的管理和维护，保证信息安全。

第九条 登记管理机关依据社会组织未依法履行义务或者存在违法违规行为的有关信用信息，建立社会组织活动异常名录和严重违法失信名单制度。

第十条 因非行政处罚事项被列入活动异常名录或者严重违法失信名单的社会组织，登记管理机关在作出决定前，应当向社会组织书面告知列入的事实、理由、依据及其依法享有的权利。通过登记的住所无法取得联系的，可以通过互联网公告告知。

社会组织对被列入活动异常名录或者严重违法失信名单有异议的，可以在收到告知书之日起10个工作日内向登记管理机关提出书面陈述申辩意见并提交相关证明材料。通过公告方式告知的，社会组织自公告之日起30日内未提交陈述申辩意见的，视为无异议。

登记管理机关应当自收到陈述申辩意见之日起10个工作日内进行

核实，作出是否列入活动异常名录或者严重违法失信名单的决定，并书面告知申请人。

第十一条 登记管理机关应当将有下列情形之一的社会组织列入活动异常名录：

（一）未按照规定时限和要求向登记管理机关报送年度工作报告的；

（二）未按照有关规定设立党组织的；

（三）登记管理机关在抽查和其他监督检查中发现问题，发放整改文书要求限期整改，社会组织未按期完成整改的；

（四）具有公开募捐资格的慈善组织，存在《慈善组织公开募捐管理办法》第二十一条规定情形的；

（五）受到警告或者不满 5 万元罚款处罚的；

（六）通过登记的住所无法与社会组织取得联系的；

（七）法律、行政法规规定应当列入的其他情形。

登记管理机关在依法履职过程中通过邮寄专用信函向社会组织登记的住所两次邮寄无人签收的，视作通过登记的住所无法与社会组织取得联系。两次邮寄间隔时间不得少于 15 日，不得超过 30 日。

第十二条 社会组织存在第十一条所列情形，但由业务主管单位或者其他有关部门书面证明该社会组织对此不负直接责任的，可以不列入活动异常名录。

第十三条 社会组织在被列入活动异常名录期间，再次出现应当列入活动异常名录情形的，列入时限重新计算。

第十四条 被列入活动异常名录的社会组织按照规定履行相关义务或者完成整改要求的，可以向登记管理机关申请移出活动异常名录，登记管理机关应当自查实之日起 5 个工作日内将其移出活动异常名录；如不存在应当整改或者履行相关义务情形的，自列入活动异常名录之日起满 6 个月后，由登记管理机关将其移出活动异常名录。

第十五条 登记管理机关应当将有下列情形之一的社会组织列入严重违法失信名单：

（一）被列入活动异常名录满 2 年的；

（二）弄虚作假办理变更登记，被撤销变更登记的；

（三）受到限期停止活动行政处罚的；

（四）受到 5 万元以上罚款处罚的；

（五）三年内两次以上受到警告或者不满 5 万元罚款处罚的；

（六）被司法机关纳入“失信被执行人”名单的；

（七）被登记管理机关作出吊销登记证书、撤销成（设）立登记决定的；

（八）法律、行政法规规定应当列入的其他情形。

第十六条 社会组织在被列入严重违法失信名单期间，出现应当列入活动异常名录或者严重违法失信名单情形的，列入时限重新计算。

第十七条 依照本办法第十五条第（一）项被列入严重违法失信名单的社会组织，登记管理机关应当自列入之日起，将其移出活动异常名录；自被列入严重违法失信名单之日起满 2 年，且按照规定履行相关义务或者完成整改要求的，可以向登记管理机关提出移出申请，登记管理机关应当自查实之日起 5 个工作日内将其移出严重违法失信名单。

依照本办法第十五条第（二）项至第（六）项规定被列入严重违法失信名单的社会组织，自被列入严重违法失信名单之日起满 2 年，可以向登记管理机关提出移出申请，登记管理机关应当自查实之日起 5 个工作日内将其移出严重违法失信名单。

依照本办法第十五条第（七）项规定被列入严重违法失信名单的，登记管理机关应当自该组织完成注销登记之日起 5 个工作日内将其移出严重违法失信名单。

第十八条 列入严重违法失信名单所依据的行政处罚决定、撤销登记决定或者“失信被执行人”名单被依法撤销或者删除的，社会组织可以向登记管理机关提出移出申请，登记管理机关应当自查实之日起5个工作日内将其移出严重违法失信名单。

第十九条 社会组织的信用信息、活动异常名录和严重违法失信名单应当向社会公开。登记管理机关通过互联网向社会提供查询渠道。

第二十条 社会组织对自身信用信息、活动异常名录和严重违法失信名单有异议的，可以向负责的登记管理机关提出书面申请并提交相关证明材料。登记管理机关应当在30个工作日内进行核实，发现存在错误的，应当自核实之日起5个工作日内予以更正；经核实后作出不予更改决定的，应当书面告知申请人并说明理由。

第二十一条 各级登记管理机关根据国家和本行政区域内信用体系建设的相关规定，通过全国信用信息共享平台向有关部门提供社会组织信用信息，实现部门信息共享。

第二十二条 各级登记管理机关协调配合相关部门，在各自职权范围内，依据社会组织信用信息采取相应的激励和惩戒措施，重点推进对失信社会组织的联合惩戒。

第二十三条 对信用良好的社会组织，登记管理机关可以采取或者建议有关部门依法采取下列激励措施：

（一）优先承接政府授权和委托事项；

（二）优先获得政府购买社会组织服务项目；

（三）优先获得资金资助和政策扶持；

（四）优先推荐获得相关表彰和奖励等；

（五）实施已签署联合激励备忘录中各项激励措施。

第二十四条 对被列入严重违法失信名单的社会组织，登记管理机关可以采取或者建议有关部门依法采取下列惩戒措施：

（一）列入重点监督管理对象；

（二）不给予资金资助；

（三）不向该社会组织购买服务；

（四）不授予相关荣誉称号；

（五）作为取消或者降低社会组织评估等级的重要参考；

（六）实施已签署联合惩戒备忘录中各项惩戒措施。

第二十五条 登记管理机关工作人员在开展社会组织信用信息管理工作中滥用职权、徇私舞弊、玩忽职守的，视其情节轻重给予批评教育或者行政处分；构成犯罪的，依法追究其刑事责任。

第二十六条 本办法自发布之日起施行。

中共中央办公厅《科协系统深化改革实施方案》

（2016 年 3 月 27 日）

科协是科技工作者的群众组织，是党领导下的人民团体，是党和政府联系科技工作者的桥梁纽带，是国家推动科技事业发展的重要力量。为深入贯彻习近平总书记有关重要讲话精神，切实增强科协组织的政治性、先进性、群众性，进一步密切与科技工作者联系，更好地发挥党和政府与广大科技工作者的桥梁纽带作用，根据中央全面深化改革的总体部署和《中共中央关于加强和改进党的群团工作的意见》要求，现就科协系统深化改革提出如下实施方案。

一、总体要求

1. 指导思想。科协系统深化改革，必须高举中国特色社会主义伟大旗帜，全面贯彻党的十八大和十八届三中、四中、五中全会以及中央党的群团工作会议精神，以邓小平理论、“三个代表”重要思想、科学发展观为指导，深入贯彻习近平总书记系列重要讲话精神，以有效增强政治性、先进性、群众性为目标，紧紧围绕“四个全面”战略布局明确改革方向和重点，按照走中国特色社会主义群团发展道路的总要求确定改革路径，把自觉接受党的领导、团结服务科技工作者、依法依章程开展工作有机统一起来，真正把科协组织建设成为对科技工作者有强大吸引力凝聚力、能够为党委和政府及社会各界提供不同形式高质量科技类社会化公共服务产品的中国特色社会主义群团，团结带领广大科技工作者为实现中华民族伟大复兴中国梦而努力奋斗。

2. 基本原则

——加强政治引领。牢牢把握政治性这一灵魂，坚持党的领导，凝聚带领科技工作者勇担创新发展主力军重任，充分发挥创新作为引领发展第一动力和人才作为支撑发展第一资源的作用，紧紧围绕党和国家工作大局和中央全面深化改革的总体部署，不断强化科协系统深化改革的责任和担当，强化公共服务、当好桥梁纽带、夯实执政之基。

——密切联系群众。准确把握群众性这个根本特点，把团结联系服务科技工作者作为科协组织的基本职能，坚持眼睛向下、面向基层，积极联系引导科技相关社会组织，健全基层组织，扩大有效覆盖，增强代表性，建立联系科技工作者长效机制，把科技工作者紧紧团结在以习近平同志为总书记的党中央周围。

——突出问题导向。聚焦科协系统不同程度存在的脱离群众、组织松散、能力薄弱、庸懒散浮拖等现象，坚决从体制机制入手，下大力气铲除上述问题滋生的土壤，改进机关作风、释放学会活力，从根本上解决科技工作者与科协组织联系不亲、不紧等突出问题。

——强化学会主体地位。突出学会治理这一科协改革的关键环节，以治理结构和治理方式现代化为目标，全面推进学会组织方式、运行机制和党建工作创新，提升学会创新和服务能力，切实增强学会在科协事业发展中的主体地位和作用。

——坚持系统推进。强化顶层设计，以机关改革为切入点和引领，推动包括学会在内的整个科协系统的改革，科学谋划改革的整体推进和政策配套，注重学会改革和机关改革、科协系统上下改革的联动，加强各级科协组织落实改革任务的能力建设，推进工作平台和资源共享，充分发挥试点先行的示范功能，加快形成可复制的模式并稳步推广，形成系统效应。

3. 总体目标。通过深化改革，力争从根本上解决机关化、行政化、贵族化、娱乐化等脱离群众的突出问题，所属学会发展和服务能力显著提升，工作手段信息化、组织体系网络化、治理方式现代化迈上新台阶，科协组织的政治性、先进性、群众性更加突出，开放型、枢纽型、平台型特色更加鲜明，服务科技工作者、服务创新驱动发展战略、服务公民科学素质提高、服务党委和政府科学决策的能力明显增强，真正成为党领导下团结联系广大科技工作者的人民团体，成为提供科技类公共服务产品的社会组织，成为国家创新体系的重要组成部分，为更好地服务党和国家中心工作奠定坚实基础。

二、改革联系服务科技工作者的体制机制

增强科协组织的群众性，团结联系服务好科技工作者，必须切实克服“小众俱乐部”倾向，把眼光更多地投向基层，把力量更多地配置到基层，扩大基层组织覆盖面，构建畅通稳定的双向联系渠道，从体制机制上解决科技工作者与科协组织联系不亲、不紧的问题，发挥好党和政府联系科技工作者的桥梁纽带作用。

1. 提高科协领导机构中基层科技工作者代表比例，增强代表性和广泛性。扩大中国科协全国代表大会代表中一线人员的广泛性，来自企业、高等学校、科研院所、农村等基层一线科技工作者的比例由目前的58%提高至65%左右，45 岁以下青年科技工作者不少于三分之一，同时注重吸收新经济组织、新社会组织、新型研发机构和战略性新兴产业的代表人物，减少领导干部所占比例。优化科协领导机构人员组成，来自基层一线的中国科协全委会委员比例由 58%提高至 70%左右，常委会委员比例由 56%提高至 75%左右。兼职副主席主要从不同行业领域有代表性的一线优秀科技工作者中产生，实行轮流定期驻会制度。从科

研单位、高等学校和有关学术机构择优选拔一名书记处书记驻会工作，人事关系保留在原单位，职级不与书记处书记职务挂钩，原则上在中国科协要干满一届。

2. 深化科协机关改革，建立更直接服务基层的体制机制。改革中国科协机构设置，所属事业单位2016年年底前压缩至13个，事业编制2016年年底前精减至1120名左右。加大力量配备和服务资源向基层倾斜力度，在压缩撤并部分直属单位的基础上重组成立直接面向基层科技工作者服务的企业创新服务中心、全国“双创”服务中心、农村技术服务中心、创新战略研究院、国际科技交流中心、培训和人才服务中心等，机关各部门、各直属单位要突出服务基层一线科技工作者职能。

3. 拓宽干部交流成长渠道，培养有活力有能力的科技群团骨干。扩大中国科协机关与学会、地方科协的人员双向挂职交流规模与范围，科协机关和事业单位抽调一定数量干部到学会和学会联合体挂职锻炼，保留人事关系不变，任期一般不少于两年。机关留出10%~15%的局处级岗位，择优选拔科研单位、高等学校和学会的科技工作者或管理人员挂职，择优选拔一批学会和地方科协工作人员到中国科协挂职，定期轮换。建立科协干部直接联系科技工作者制度，与包括知名科学家在内的科技工作者广交朋友，经常深入基层听取意见建议。

4. 推动科协组织向基层延伸，扩大有效覆盖。推动科协组织向园区和企业延伸，采取单独组建、区域联建、行业统建、依托组建等多种方式，大力发展企业科协、园区科协或企业科协联盟等，重点在新经济组织建立科协，把创客之家等新型科技社团纳入科协，接长“手臂”、形成链条。推动科协组织向高等学校和科研院所延伸，鼓励支持高等学校建立科协，支持大学生科协活动，根据需要建立高等学校科协联盟，促进学科交叉融合。推动科协组织向农村延伸，鼓励支持乡镇依托农技站建立乡镇科普协会，促进农村专业技术协会转型升级，为农民提供精准的科技推广和科普服务。加大对科协基层组织的指导力度，建设全国科协基层组织网，拓宽基层一线科技工作者联系渠道，让他们更多地了解科协组织、认同科协工作、参与科协活动。抓紧出台加强县级科协工作的意见，强化对基层组织的业务指导。

5. 扩大有序承接政府转移职能试点工作，为科技工作者搭建更加广阔的工作平台。贯彻落实中共中央办公厅、国务院办公厅印发的《中国科协所属学会有序承接政府转移职能扩大试点工作实施方案》，按照中央全面深化改革总体部署，进一步明确目标，突出重点，服务政府职能转变和简政放权改革。拓宽学会参与公共科技服务渠道，及时了解、准确把握政府职能转移趋势，引导学会积极参与政府购买服务市场竞争。紧紧抓住建立有效管用的监管体制机制这个关键，加强监管督查，及时对承接政府转移职能的学会进行风险评估，切实防止监管不到位，推动试点工作不断深化，做到让中央放心、让政府部门满意、让学会和科技工作者有积极性，为推进国家治理体系和治理能力现代化作出应有贡献。

6. 建设网上科技工作者之家，打造科技工作者的精神纽带和情感家园。准确把握科技工作者熟悉并习惯使用互联网的特点，加强建网、管网、用网工作，探索“互联网+政策服务”的工作模式，开展网上“建家交友”活动，科协各级领导实名上网，直接听取科技工作者意见建议和呼声，提供政策服务，引导科技工作者依法维护合法权益，努力成为可亲可信、知心知意的“科技工作者之友”。针对科协以兼职人员为主的组织特点，引导兼职科技工作者自觉树立兼职不等于业余的意识，正确处理本职工作和兼职工作的关系，通过网络交流、视频会议等方式有效化解履职困难，加强工作联系。以学术交流为媒介，建设网上科技社团和科技社区，打造网络科技工作者联系服务平台，增强工作联系和情感交流。围绕做实做好“互联网+科普”工作，充分发挥“科普中国”的品牌作用，引导和帮助科技工作者向社会公众普及科技知识，弘扬科学精神。依托老科学家学术成长资料采集工程建设中国最大的科技人物专题网站，打造中国科技工作者的精神殿堂和情感家园，着力塑造科技工作者之家的良好社会形象。

7. 改革人才服务机制，助力科技工作者成长成才。积极参与院士制度改革，努力提升作为两院院士推荐渠道的效能，扩大影响力。发挥好创新人才推进计划推荐渠道的重要作用，积极举荐科技领军人才和创新团队，推荐更多优秀中国科学家进入国际民间科技组织任职，联系服务好在华外国科技工作者，促进科教协同。推动青少年科学实践活动向人才发现和培养转型，做好青年人才托举工作，推动青年创新人才脱颖而出。加强科技队伍科学精神培育，推动科学道德与学术规范建设，在打击学术不端行为中发挥重要作用。探索设立“杰出科技人才”“杰出工程师”等具有广泛公信力和社会影响力的科技界社会奖励，调动激发科技工作者创造活力和潜能。

三、全面改革学会治理结构和治理方式

学会是科协的组织基础，学会工作是科协的主体工作，科协系统深化改革，必须紧紧抓住所属学会这个牛鼻子，突出学会治理结构和治理方式改革这个重点，全面推进会员结构、办事机构、人事聘任、治理结构、管理方式改革，提升服务能力，加强国家级学会与地方科协的协同发展，从根本上解决凝聚力不够、活力不强、组织松散等突出问题，真正把学会做实做强做好。

1. 改革团体会员制度，突出科技工作者主体地位。抓紧修订《中国科学技术协会章程》，进一步完善科协团体会员制度，接受部分规模和影响较大、承认科协章程、工作积极主动的大型企业科协和高等学校科协作为中国科协团体会员。支持所属学会重点发展个人会员，鼓励单

位会员中的科技工作者以个人身份加入学会，突出科技工作者的主体地位，强化学会的会员服务意识，密切与科技工作者的直接联系。探索建立科协会员分类服务和管理办法，明确不同类型会员的责任、权利、义务及审批程序，提供针对性的服务。

2. 深化学会治理结构改革，建设能负责可问责的中国特色现代科技社团。修改完善《中国科协全国学会组织通则（试行）》，指导各级学会加强组织建设，依照法律和章程独立自主开展活动。指导学会设立规模适中的理事会及常务理事会、权责明晰的监事会、实体化的秘书处，形成适合我国国情和学会发展规律的组织体制，理顺学会决策机构、执行机构、监督机构的关系。规范学会分支机构设置，加强分支机构管理，努力做到类型、数量合理适度，管理依法合规。推进学会秘书处实体化建设，建立办事机构挂靠单位动态调整机制，明确挂靠单位与学会权责关系，扩大无挂靠、无业务主管单位学会的试点范围，着力打造运转高效、规范有序的实体办事机构。

3. 健全完善学会治理方式，调动激发学会的创新热情和创造活力。指导学会研究制定务实高效、位阶有序的会议制度，督促学会领导机构按期换届，确保代表大会、理事会（常务理事会）、监事会依法依章程履职。优化学会领导人员构成，全国学会代表大会代表应主要为基层一线科技工作者，学会理事会理事四分之三以上、常务理事会常务理事三分之二以上应为基层一线科技工作者，提高中青年科技工作者比例。支持学会人事制度改革，扩大专职工作人员聘任制试点，实行理事会聘任秘书长制，推动秘书长职业化，通过社会公开招聘逐步建立一支政治素质高、专业能力强、工作作风实的专职工作人员队伍。逐步规范在职及退（离）休领导干部在学会兼职，明确兼职人员的责任和义务，及时调整不能正常履职的学会工作人员，调动激发兼职人员尽职尽责的积极性和主动性。完善学会办事机构管理制度，加强规范化建设，制定学会社会服务良好行为规则，为学会依法依章程办事提供制度保障。

4. 探索建立学会联合体，进一步提高凝聚力和权威性。适应学科分化细化和交叉融合并存的大趋势，鼓励学科相近、联系密切的学会成立学会联合体，推动面向大学科领域或全产业链的学会集群发展，促进成员之间的信息交流与资源共享，推动科技成果转化应用，承接政府转移职能，形成工作合力。加强党的建设，建立平等、民主的运行机制，确保学会联合体活动进入常态化、规范化轨道。加强对学会联合体的指导，及时总结成功经验和做法，发现和解决问题，创造有利条件，推动学会联合体健康有序开展活动。

四、创新面向社会提供公共服务产品的机制

保持和增强科协组织的先进性，最重要的是解决资源积累不足、专业化服务能力不强、平台支撑不力等突出问题，调动激发科技工作者的积极性主动性创造性，充分发挥科协组织在提供社会化公共服务产品方面的独特优势，团结带领广大科技工作者助力创新发展，为完成党的中心任务而共同奋斗。

1. 创新服务学术活动机制，优化学术环境。支持鼓励各级科协搭建高水平前沿学术交流平台，进一步优化学术会议结构，既要举办大型综合性学术活动，服务科技工作者开展跨学科多领域研讨交流的需求，又要主动聚焦前沿目标，适当提高小型前沿高水平专题交流活动的比重，提高学术交流的质量和水平，激荡自主创新的源头活水。深化科技期刊改革，坚持正确办刊导向，建立优胜劣汰机制，引进吸收一批在国际上有较高学术影响力的专家进入科技期刊编委和审稿人队伍，着力打造具有核心竞争力和国际影响力的一流科技期刊。以互联网思维深化学术交流方式创新，使面对面的学术交流和依托互联网的线上交流相互补充，增强时效性和针对性，提高学术交流的实效。

2. 创新服务科技成果转化机制，引导学会助力创新发展。积极探索“互联网+创新创业”公共服务模式，联合科协系统力量加快建设“双创”服务云，建立互联互通的科技成果信息服务平台，促进资源整合，提高科技领域公共服务能力和水平。支持学会和地方科协积极参与实施创新驱动助力工程，及时总结创新驱动示范市的成功经验，引导学会创新资源融入产业链，服务大众创业、万众创新。依托学会建立发展一批产业协同创新共同体，特别是围绕京津冀协同发展、“一带一路”建设等国家战略以及重大科技专题、学科交叉前沿，加大协同创新力度，牵头成立区域性国际科技组织，促进战略性新兴产业发展。引导地方科协大力推进海外人才离岸创新创业基地建设，引导海外优秀人才和创新资源向国内流动，吸引动员更多海外优秀人才和团队来华创新创业。

3. 创新科学文化公共服务机制，建立普惠共享的现代科普体系。实施科普信息化建设工程，采用政府和社会资本合作（PPP）模式，搭建面向学会和地方科协的科普资源集成共享平台，共同开发适应社会需求、易于取用、便于传播的优质科普资源，大幅度增加科普资源供给。加大科普资源集成力度，推动中国特色现代科技馆体系建设，提升科技馆展品研发能力，促进科研机构、高等学校科普资源的开发开放，引进海外优质科普资源。建设中国科学文化传媒集团，整合中国科学技术出版社、科普出版社和科技导报社以及丰富权威的科技期刊资源，打造拥有海量信息的科学数据集团和内容供应商。支持地方科协搭建精准推送科普服务平台，创新科普公共服务产品供给模式，建立健全公民科学素质评价和共建责任制度，发挥基层综合性文化服务中心的平台作用，为社会公众提供多样化高质量的科普服务产品。

4. 创新党委和政府决策服务机制，建设开放高端科技创新智库。拓宽科协参与政治协商渠道，积极参与人民团体协商，规范协商内容、程序和形式，发挥好政协科协界委员作用，搭建服务科学民主决策的平台。打造小中心、大外围的科技社团智库体系，做实做强中国科协创新战略研究院，依托学会联合体柔性布局一批虚拟专业研究所，依托有条件的地方科协建设一批智库研究基地，积极推动中国特色高端科技创新智库相关建设工作，为我国科技创新提供智力支撑，加强业务联系与人员交流，努力把科技工作者的个体智慧凝聚上升为有组织的集体智慧。加强科技工作者状况调查站点建设工作，准确把握科技工作者的思想动态、规模结构、变化趋势等，及时反映科技工作者的意见建议和呼声，为党委和政府科学决策提供支撑。扎实开展第三方创新评估工作，树立品牌、扩大影响，发挥好对学会和地方科协的示范引领作用，服务创新驱动发展战略。扩大科协对外交流合作，发挥在人文交流中的生力军作用。

五、加强对科技工作者的政治引领

突出和增强科协组织的政治性，必须加强党的领导特别是学会党建工作，解决重业务活动、轻政治思想引领以及学会党组织覆盖和党建工作覆盖不广、工作层次水平不高等问题，通过建设强有力的学会党组织，切实履行好全面从严治党的主体责任，落实好全面从严治党要求，把科技工作者紧紧团结在党的周围，切实担负起团结带领广大科技工作者听党话、跟党走的政治任务。

1. 改革学会党建工作机制，扩大组织覆盖。明确学会党组织功能定位，着力扩大学会党组织的覆盖范围，始终把学会置于党的领导之下。在学会办事机构层面普遍建立基层党组织，发挥好党支部的战斗堡垒作用和党员先锋模范作用；积极探索在学会理事会层面设立党委或党建工作小组，发挥好学会党组织的政治核心和保障作用；探索学会联合设立党组织，有效扩大党的组织覆盖，确保学会始终坚持正确政治方向。

2. 创新学会党组织运行机制，强化工作覆盖。创新学会党建领导体制，积极推动各级科协设立科技社团党工委，探索科协党组领导学会党的工作、科技社团党工委指导学会办事机构党建工作的新机制，理顺科协指导学会党建工作的体制机制。改革学会党组织的领导方式、工作模式和保障机制，以促进学会党员领导干部过双重组织生活、定期召开专题民主生活会、参与“三重一大”决策为突破口，强化党的领导，实现工作全覆盖。以开展“两学一做”学习教育为契机，深入实施“党建强会”计划，积极探索通过党建促进学会创新发展的新途径新模式，定期举办学会党建工作学习班、交流会，加强学会党建理论研究，增强学会负责人、办事机构工作人员党性修养，树立学会党建活动品牌。

3. 加强思想引领机制，不断保持和增强政治性。科协系统领导干部和广大党员要进一步增强政治意识、大局意识、核心意识、看齐意识，坚定政治立场，严守政治纪律和政治规矩，自觉把党的工作贯穿到科协工作的各个环节各个方面。密切关注、准确把握科技工作者的思想动态，有针对性地加强思想引领，面向基层一线科技工作者特别是青年科技工作者举办不同形式的国情研修班、读书班等，引导科技工作者坚定理想信念，自觉在思想上政治上行动上始终同以习近平同志为总书记的党中央保持高度一致，维护党中央权威。把为科技工作者提供政策服务作为科协的基本任务，及时宣传解读中央重大决策部署特别是科技创新决策部署，引导科技工作者把智慧和力量凝聚到党领导的中国特色社会主义事业上来。

4. 突出和增强先进性，引导科技工作者自觉践行社会主义核心价值观。面向科技界持续开展“作精神文明表率”活动，大力宣传事迹突出的基层一线杰出科学家和优秀工程师，树立科技界的精神文明标兵，发挥其在引领和促进社会好风尚中的表率作用。以学会和高等学校为重点持续加强科学道德和学风教育，建立健全科学研究诚信监督机制，加大对学术造假、成果剽窃等学术不端行为的调查公布力度，以真善美抑制假恶丑，不断提高思想觉悟和道德水平，通过营造风清气正的学术氛围，弘扬正气，增强凝聚力。

中国科学技术协会全国学会组织通则

（科协发学字〔2019〕6号　2019年1月25日）

第一章　总　则

第一条　根据《社会团体登记管理条例》、《中国科学技术协会章程》和国家关于社会团体的相关文件法规，为规范中国科学技术协会（以下简称中国科协）所属全国学会、协会、研究会（以下简称全国学会）组织工作，促进全国学会组织发展，制定本通则。

第二条　全国学会是按自然科学、技术科学、工程技术及相关科学的学科组建，或以促进科学技术发展和普及为宗旨的社会团体。全国学会要认真履行为科技工作者服务、为创新驱动发展服务、为提高全民科学素质服务、为党和政府科学决策服务的职责定位，团结动员广大科技工作者创新争先，促进科学事业的繁荣和发展，促进科学技术的普及和推广，促进科技人才的成长和提高，推动开放型、枢纽型、平台型科协组织建设，成为党领导下团结联系广大科技工作者的社会团体，为实现中华民族伟大复兴的中国梦而努力奋斗。

第三条　全国学会坚持以习近平新时代中国特色社会主义思想为指导，坚决贯彻党的基本理论、基本路线、基本方略，增强政治意识、大局意识、核心意识、看齐意识，坚定中国特色社会主义道路自信、理论自信、制度自信、文化自信，坚决维护习近平总书记党中央的核心、全党的核心地位，坚决维护党中央权威和集中统一领导，加强党的建设，充分发挥党组织的政治核心和思想引领作用，确保正确政治方向。全国学会贯彻国家自主创新、重点跨越、支撑发展、引领未来的科技工作方针，弘扬尊重劳动、尊重知识、尊重人才、尊重创造的风尚，倡导创新、求实、协作、奉献的精神，坚持独立自主、民主办会的原则和“百花齐放、百家争鸣”的方针，依法依章程开展工作。

第四条 全国学会的主要任务是：

（一）密切联系科技工作者，宣传党的路线方针政策，反映科技工作者的建议、意见和诉求，维护科技工作者的合法权益，建设科技工作者之家。

（二）开展学术交流，活跃学术思想，倡导学术民主，优化学术环境，促进学科发展，服务国家创新体系建设。

（三）组织科技工作者开展科技创新，参与科学论证和咨询服务，加快科技成果转化应用，助力经济社会发展。

（四）弘扬科学精神，普及科学知识，推广科学技术，传播科学思想和科学方法，提高全民科学素质。

（五）健全科学共同体的自律功能，推动建立和完善科学研究诚信监督机制，促进科学道德建设和学风建设。

（六）组织科技工作者参与国家科技战略、规划、布局、政策、法律法规的咨询制定和国家事务的政治协商、科学决策、民主监督工作，建设中国特色高水平科技创新智库。

（七）承接科技评估、专业技术人员水平评价、技术标准研制、国家科技奖励推荐等政府委托工作或转移职能。

（八）表彰奖励和宣传优秀科技工作者，举荐科技人才，注重激发青少年科技兴趣，发现培养杰出青年科学家和创新团队。

（九）开展国际科技交流与合作，为海外科技人才来华创新创业提供服务。

（十）开展科技图书、期刊、报纸、电子出版物、音像制品的编辑、出版、发行，以及相关数字出版活动，提供科技知识服务。

第二章　管　理

第一节　申请业务主管

第五条　登记成立全国学会时，申请由中国科协作为业务主管的，应具备下列条件：

（一）符合国家关于社会团体登记成立的条件；

（二）其业务属于科技领域中的自然科学、技术科学、工程技术学科及相关的新兴、交叉或前沿领域，或与科技发展和普及密切相关的领域；

（三）主要发起者应在相关领域有重大建树和影响，并有一定的代表性，有独立承担民事责任的能力；

（四）提交国家社会团体登记管理机关要求的《社会组织党建工作承诺书》；

（五）有与其业务活动相适应的常设办事机构和专职工作人员；

（六）其业务领域和名称不得与已成立的全国学会相同或相似。

第六条　全国学会发起者向中国科协提交申请，经中国科协书记处同意后，由发起者向国家社会团体登记管理机关申请登记。

第七条　自国家社会团体登记管理机关批准登记之日起六个月内，发起者应组织召开会员（代表）大会，通过学会章程，产生执行机构、监督机构及负责人、法定代表人，成立学会党组织。会议方案应于会员（代表）大会召开前两个月报中国科协书记处审批。会员（代表）大会的结果报中国科协相关业务部门备案。

第八条 已经成立的全国学会申请将业务主管单位变更为中国科协的，事先须经会员（代表）大会通过并征得原业务主管单位同意，向中国科协提出申请，经中国科协书记处批准后，到国家社会团体登记管理机关办理相关手续。

第二节 加入团体会员

第九条 全国学会成为中国科协团体会员，需符合下列条件：

（一）承认《中国科学技术协会章程》；

（二）按照国家社会团体登记管理规定依法登记；

（三）学会负责人应在相关领域有重要影响，个人会员达到一千名以上；

（四）经常开展国内外学术交流活动，具有较强的服务科技创新、决策咨询和科学技术普及能力，编辑出版科学技术或科学普及刊物，原则上应设有科学技术奖项；

（五）有实体办事机构、固定办公场所和专职工作人员，每年合法收入一般不低于一百万元；

（六）有健全的党组织，能正常开展党的工作。

第十条 符合条件的全国学会经理事会同意后，可向中国科协提出入会申请，经中国科协常务委员会审议通过，接纳为中国科协团体会员，其业务主管单位不变。

第十一条 中国科协团体会员享有以下权利：

（一）推选代表参加中国科协全国代表大会；

（二）获得中国科协的有关资料；

（三）获得中国科协的业务活动资助；

（四）参加中国科协的活动；

（五）对中国科协的工作提出建议、批评和监督。

第十二条 中国科协团体会员履行以下义务：

（一）遵守《中国科学技术协会章程》；

（二）接受中国科协领导；

（三）执行中国科协决议和决定；

（四）承担中国科协委托的任务。

第三节 脱离与退出

第十三条 全国学会脱离与中国科协的业务主管关系，须经会员（代表）大会表决通过，向中国科协提出申请，经中国科协书记处批准后脱离。

第十四条 全国学会退出中国科协团体会员，须经理事会表决通过，向中国科协提出申请，经中国科协常务委员会批准后退出。

第四节 备案与信息公开

第十五条 全国学会应向中国科协备案下列信息：

（一）章程；

（二）负责人信息；

（三）组织机构信息；

（四）会员证、会徽；

（五）理事、监事信息；

（六）党组织信息；

（七）中国科协要求的其他信息。

第十六条 全国学会应当向社会公开下列信息：

（一）章程；

（二）负责人信息；

（三）组织机构信息；

（四）接受使用社会捐赠情况；

（五）全国学会年度工作报告；

（六）中国科协、国家社会团体登记管理机关要求公开的其他信息。

第十七条 全国学会应当及时将有重大变更的备案或公开信息向中国科协备案，并向社会公开。

第十八条 涉及国家秘密、商业秘密、个人隐私的信息不公开。

第五节 处 罚

第十九条 全国学会存在内部治理不规范、活力不足等问题的，中国科协将对其主要负责人进行工作约谈。

第二十条 全国学会有下列情形的，将给予限期整改、警告、撤销团体会员资格等处罚：

（一）履职不力、组织涣散的，中国科协相关业务部门将责令限期整改；

（二）限期整改后仍无明显改进的，经中国科协书记处批准，给予警告处分；

（三）给予警告处分后仍无明显改进的，违反国家法律法规或违反《中国科学技术协会章程》造成严重不良后果的，经中国科协常务委员会批准，撤销团体会员资格。

第二十一条 中国科协业务主管的全国学会，存在严重违法违纪行为的，中国科协将提请国家社会团体登记管理机关解除业务主管关系或对其撤销登记。

第二十二条 全国学会受处罚期间，不得申请中国科协资助项目。

第三章　内部治理

第一节　会员

第二十三条　承认全国学会章程，符合全国学会会员条件，可提出入会申请，经理事会（常务理事会）或其委托的机构审核批准成为全国学会会员。

第二十四条　全国学会会员包括个人会员、单位会员。个人会员是学会组织的主体。

第二十五条　会员原则上应具备以下条件：

（一）个人会员。其有一定专业技术职务或专业知识的科技工作者；热心和积极支持学会工作并具有相应专业知识的管理工作者。

（二）单位会员。与全国学会学科或专业相关，具有一定数量科技人员，愿意参加学会有关活动，支持学会工作的、合法设立的科研、教学、生产、设计等类型的企业、事业单位以及社会团体（港澳台地区民间社会团体除外）。

第二十六条　全国学会对个人会员可授予荣誉会员、名誉会员、外籍会员称号；对本学科或专业科学技术发展和学会工作有重大贡献的专家、学者，经全国学会常务理事会推荐、理事会通过，可授予荣誉会员称号；对本学科或专业的发展有重要贡献，具有较高学术威望，热心参加或协助组织与我国相应学会的科学技术交流的外籍专家、学者，经全国学会常务理事会推荐，理事会通过，可授予名誉会员称号；对在相关学术领域有较高造诣，与我国友好，愿意与全国学会联系、交流和合作的外籍科技工作者，经本人申请或经全国学会个人会员、分支机构、代表机构推荐，经理事会（常务理事会）批准吸收为外籍会员。

有条件的全国学会还可发展其他类别的个人会员，其类别和条件由各学会自行确定。

第二十七条 会员的权利：

（一）入会自愿，退会自由；

（二）享有选举权、被选举权和表决权；

（三）参加学会的活动；

（四）获得学会服务的优先权和优惠权；

（五）对学会工作的批评建议权和监督权；

（六）学会章程规定的其他权利。

第二十八条 会员的义务：

（一）遵守学会章程，执行学会决议；

（二）维护学会合法权益；

（三）完成学会交办的工作；

（四）向学会反映情况，提供有关资料；

（五）依学会章程规定按时缴纳会费；

（六）学会章程规定的其他义务。

第二十九条 全国学会应建立会员工作机构，指定专人负责，健全会员工作制度，实现会员分类管理。有条件的全国学会，可建立会员基层小组。

第三十条 全国学会可直接发展会员，也可委托省级学会、全国学会分支机构发展会员。

第三十一条 全国学会遵循中国科协制定的统一编码规则，对个人会员进行全国统一编码。

第三十二条 会员退会应书面通知学会，并交回有关证件。

第三十三条 会员应按时缴纳会费；不履行缴纳会费义务，视为自动退会；再次申请入会需重新审批。不缴纳会费者，不能成为学会理事（常务理事）候选人。

第三十四条 会员严重违反学会章程，经理事会（常务理事会）或其委托的机构决定，予以除名。

第二节 会员（代表）大会

第三十五条 会员（代表）大会是全国学会最高权力机构，行使下列职权：

（一）制定、修改章程；

（二）选举、罢免理事会理事和监事会监事；

（三）审议理事会的工作报告和财务报告；

（四）制定、修改会费标准；

（五）决定章程规定的其他重大事宜。

第三十六条 会员（代表）大会须有三分之二以上的会员（代表）出席方能召开，其决议须经到会会员（代表）二分之一以上表决通过方能生效。制定和修改章程，须经到会会员（代表）三分之二以上表决通过，不得以鼓掌方式进行表决。涉及换届改选事项的会员（代表）大会，不得以通讯方式召开。

第三十七条 全国学会依据本学会章程规定，每四至五年按期召开一次会员（代表）大会，完成理事会换届工作。

在理事会任期届满前六个月，应向中国科协提出换届申请，经中国科协相关业务部门批准后进行筹备。召开会员（代表）大会前两个月，应向中国科协提出召开会议的申请，经中国科协书记处审批同意后，组织实施。无正当理由不按期上报材料的，将不予受理。

第三十八条 会员（代表）大会的筹备工作在理事会（常务理事会）的领导下，按照本学会章程和民主程序进行。

第三十九条 会员（代表）大会遇特殊情况需提前或延期召开时，须由理事会作出决议，在计划召开会员（代表）大会六个月前报中国科协批准。提前或延期时间一般不得超过一年。

第四十条 全国学会换届后，应在三十个工作日内将选举结果和章程等文件报中国科协相关业务部门备案。按照国家关于社会团体登记管理的有关规定，到国家社会团体登记管理机关办理相关手续。

第三节 理事会（常务理事会）

第四十一条 理事会是会员（代表）大会的执行机构，在会员（代表）大会闭会期间领导学会开展日常工作，对会员（代表）大会负责。

第四十二条 理事会行使下列职权：

（一）执行会员（代表）大会的决议；

（二）选举、罢免理事（常务理事）、副理事长（副会长）、理事长（会长），聘任、解聘秘书长；

（三）筹备召开会员（代表）大会；

（四）向会员（代表）大会报告工作和财务状况；

（五）决定设立办事机构、分支机构、代表机构和实体机构；

（六）决定副秘书长、各机构主要负责人的聘任；

（七）领导学会各机构开展工作；

（八）制定内部管理制度；

（九）负责会员的发展和除名；

（十）履行章程规定的其他职权。

第四十三条 理事会原则上每年至少召开一次会议。理事会须有三分之二以上理事出席方能召开，其决议须经到会理事三分之二以上表决通过方能生效。理事不能到会，可委托代表参加，并有委托投票权。民主决议事项，不得以鼓掌方式进行表决。

第四十四条 学会根据需要，可设立常务理事会。常务理事会在理事会闭会期间行使本通则第四十二条（一）、（三）、（五）、（六）、（七）、（八）、（九）、（十）项的职权，对理事会负责。

第四十五条　常务理事会每半年至少召开一次会议。常务理事会须有三分之二以上常务理事出席方能召开，其决议须经到会常务理事三分之二以上表决通过方能生效。

第四十六条　理事会及常务理事会组成原则：

（一）理事会（常务理事会）规模适中，人数根据学会会员数量按一定比例确定，常务理事会人数不得超过理事会人数的三分之一；

（二）理事会（常务理事会）成员在本专业领域应有一定的代表性、权威性；

（三）理事会（常务理事会）成员中应有相当比例的中国共产党党员。理事会成员的四分之三、常务理事会成员的三分之二应为基层一线科技工作者；

（四）理事会（常务理事会）成员中应有合理的年龄结构和相当比例的中青年科技工作者；

（五）每届理事会（常务理事会）成员调整不得少于三分之一。

第四十七条　届中调整理事，由常务理事会提议，经理事会到会五分之四以上理事表决通过方可执行。

第四十八条　调整全国学会负责人的理事会会议不得以通讯方式召开。

第四十九条　全国学会理事会建立的党组织，受中国科协科技社团党委领导。

第四节　监事或监事会

第五十条　全国学会要设立监事或监事会。监事会是学会的监督机构，对会员（代表）大会负责；理事长（会长）、副理事长（副会长）、秘书长、理事（常务理事）、分支机构负责人及学会专职工作人员不得兼任监事。监事会人数一般不超过九人，不少于三人。

第五十一条 监事由会员（代表）大会选举产生或罢免。

第五十二条 监事会行使下列职权：

（一）选举监事长、副监事长；

（二）出席会员（代表）大会，向会员（代表）大会报告监事会的工作；

（三）列席理事会（常务理事会）；

（四）监督理事会（常务理事会）履职情况；

（五）监督学会财务运行管理情况；

（六）履行会员（代表）大会赋予的其他职责。

第五十三条 监事会每半年至少召开一次会议。

第五节 学会负责人

第五十四条 理事长（会长）、副理事长（副会长）、秘书长须具备下列条件：

（一）热爱祖国，坚持党的路线、方针、政策，有良好的道德品质和学风；

（二）在本学科和专业领域内有较高造诣的专家、学者或有较大影响的人士；

（三）热心学会工作，身体健康，能坚持正常工作；

（四）理事长（会长）、副理事长（副会长）任职时年龄一般不超过七十周岁，秘书长任职时年龄一般不超过六十二周岁；

（五）未受过剥夺政治权利刑事处罚；

（六）具有完全民事行为能力；

（七）工作作风民主，团队精神强。

第五十五条 学会调整理事长（会长）、副理事长（副会长），应由理事会（常务理事会）提议，向中国科协提出申请，经审批同意后方可按照学会章程规定履行民主程序，并按要求到国家社会团体登记管理机关办理变更手续。

第五十六条 理事长（会长）行使下列职权：

（一）召集和主持理事会（常务理事会）；

（二）检查会员（代表）大会、理事会（常务理事会）决议的落实情况；

（三）代表学会签署有关重要文件。

理事长（会长）因故不能履行职权，由理事长（会长）委派或常务理事会指定一位副理事长（副会长）代行职权。

第五十七条 秘书长由理事长（会长）提名、理事会同意后方可聘任，并按要求到中国科协和国家社会团体登记管理机关办理备案手续。理事长（会长）不得兼任秘书长。

第五十八条 秘书长行使下列职权：

（一）主持办事机构日常工作，组织实施年度工作计划；

（二）协调各分支机构、代表机构、实体机构开展工作；

（三）提名副秘书长以及各办事机构、代表机构和实体机构主要负责人，报理事会（常务理事会）审定；

（四）聘用办事机构、代表机构、实体机构专职工作人员；

（五）处理其他日常事务。

第五十九条 学会负责人人选超过最高任职年龄规定的，须经学会理事会（常务理事会）提议、中国科协同意后方可选举（聘任），报国家社会团体登记管理机关批准后方可任职。

第六十条 在职县（处）级及以上领导干部兼任全国学会理事长（会长）、副理事长（副会长），或聘任为秘书长的，应按干部管理权限审批。

第六十一条 退（离）休领导干部在全国学会兼任职务（包括领导职务和名誉职务、常务理事、理事等），须按干部管理权限审批或备案后方可兼职。

第六十二条 理事长（会长）、副理事长（副会长）原则上连续任期不得超过两届。由理事会聘任的秘书长可不受届次限制。

第六十三条 理事长（会长）为全国学会法定代表人。因特殊情况需由副理事长（副会长）担任法定代表人，应在章程中写明，经理事会同意后，报经中国科协相关业务部门同意并获得国家社会团体登记管理机关批准后，方可任职。

全国学会的法定代表人不得兼任其他社会团体的法定代表人。秘书长原则上不担任学会法定代表人。

第六节　办事机构

第六十四条 办事机构是全国学会理事会领导下、授权秘书长具体负责的常设专职业务机构。

第六十五条 全国学会办事机构变更或脱离支撑单位，需经理事会（常务理事会）同意，并向中国科协报告。

第六十六条 支撑单位应对学会办事机构提供必要的人力、物资、经费支持，为专职工作人员提供必要的生活、工作保障。支撑单位对其编制内的学会负责人进行调动，应先征求学会常务理事会的意见。

第六十七条 全国学会应根据其办事机构工作人员的编制性质，执行相应的人事管理制度。有条件的全国学会，应实行竞争和流动的动态人事管理，对专职人员进行选聘和招聘。

第六十八条 具备条件的全国学会办事机构应建立中国共产党的组织。

第七节　分支机构与代表机构

第六十九条　分支机构是全国学会根据开展活动的需要，依据业务范围划分或者会员组成特点而设立的专门从事某项活动的机构，是全国学会的组织基础。

代表机构是全国学会在住所地以外属于其活动区域内设置的，代表本学会开展活动，承办本学会交办事项的机构。

第七十条　全国学会的分支机构可以称分会、专业委员会、工作委员会、专项基金管理委员会等；代表机构可以称代表处、办事处、联络处等。

全国学会的分支机构、代表机构名称前应当冠以全国学会的全称，不能单独冠以“中国”、“中华”、“全国”、“国家”等字样，开展活动应当使用全称，英文译名应当与中文名称一致。

第七十一条　分支机构、代表机构接受全国学会理事会（常务理事会）的领导，不得另行制定章程，不具有法人资格，在全国学会授权的范围内活动，其法律责任由设立该分支机构、代表机构的全国学会承担。

第七十二条　分支机构、代表机构的设立应具备下列条件：

（一）名称不得与已设立的分支机构业务范围、名称相同或相似，不得以各类法人组织的名称命名，不冠以行政区划名称，不带有地域性特征；

（二）有学术带头人和一定规模的专家学者群体；

（三）有符合全国学会章程所规定的业务范围；

（四）能在授权范围内独立开展相应的业务活动；

（五）有固定的住所；

（六）有合法和相对稳定的经费来源。

第七十三条　全国学会设立分支机构、代表机构，应依学会章程，经理事会（常务理事会）审议通过。

第七十四条 全国学会理事会（常务理事会）决定分支机构的人员组成。分支机构主要负责人任职年龄一般不得超过七十周岁，连任不得超过两届。

在职县（处）级及以上领导干部兼任全国学会分支机构负责人的，应按干部管理权限审批。

第七十五条 全国学会应将分支机构的财务、账户纳入本会统一管理。分支机构不得开设银行基本账户。以分支机构名义举办的会议、展览、培训等各类活动所发生的经费往来，应纳入学会法定账户统一管理，不得进入其他单位或个人账户。

第七十六条 全国学会不得将其分支机构委托其他组织运营，不得以设立分支机构、代表机构的名义收取或变相收取管理费、赞助费等。

第七十七条 未经全国学会授权或者批准，其分支机构不得与其他民事主体开展合作活动。

第七十八条 有条件的全国学会分支机构应成立党的基层组织，归学会党组织领导。

第七十九条 全国学会应及时将分支机构情况及调整变化情况向中国科协报备并向社会公布，接受社会监督。

第八十条 全国学会要加大对所属分支机构的监管力度，建立“有进有出、优胜劣汰”的动态调整机制，对违法、违规开展活动的分支机构，视情节轻重，可采取警示告诫谈话、责令整改、撤换主要负责人、暂停其活动等措施进行纠正；对不能按要求纠正的分支机构可按学会有关规定进行撤销。

第八十一条 全国学会决定变更、注销其分支机构、代表机构，应经理事会（常务理事会）审议通过。

第八十二条 全国学会被注销或者被撤销登记的，其所属的分支机构、代表机构同时被注销或撤销。

第八节 会费

第八十三条 全国学会可以依据章程规定的业务范围、工作成本等因素，合理制定会费标准。会费标准的额度应当明确，不得具有浮动性。

第八十四条 全国学会制定或者修改会费标准应当召开会员（代表）大会，须有三分之二以上会员（代表）出席，并经到会会员（代表）二分之一以上表决通过，表决采取无记名投票方式进行。

除会员（代表）大会以外，不得采取任何其他形式制定或者修改会费标准。

第八十五条 全国学会应当自通过会费标准决议之日起三十日内，将决议向全体会员公开。

第八十六条 全国学会会费主要用于为会员提供服务以及按照本会宗旨开展的各项业务活动等支出。

会费使用应制定相应的管理办法，报理事会（常务理事会）审定，并向全体会员公告。

全国学会应当每年向会员公布会费收支情况，定期接受会员（代表）大会的审查，并在年检时填报会费收支情况。

第八十七条 全国学会收取会费，应当按照规定使用财政部印（监）制的社会团体会费收据。除会费以外，其他收入不得使用社会团体会费收据。

第八十八条 全国学会收取会费不符合本通则第八十三、第八十四条、第八十六条规定的，全国学会会员有权拒绝缴纳，可以向有关部门举报。

第九节　经费与资产管理

第八十九条　全国学会经费来源：

（一）会费；

（二）社会捐赠；

（三）政府和社会资助；

（四）在核准的业务范围内开展活动或服务的收入；

（五）利息；

（六）其他合法收入。

第九十条　全国学会合法收入享有法人财产所有权，任何单位或者个人不得侵占、私分或者挪用；其财产必须用于章程规定的业务范围和事业发展，不得在会员中分配。

第九十一条　全国学会执行《民间非营利组织会计制度》和国家有关财务管理制度，应建立严格的财务管理办法，保证会计资料合法、真实、准确、完整。

第九十二条　全国学会应配备具有专业资格的会计人员。会计不得兼任出纳。会计人员进行会计核算，实行会计监督。会计人员调动工作或离职时，必须与接管人员办清交接手续。

第九十三条　全国学会的资产管理执行国家有关规定，接受会员（代表）大会、监事会（监事）和财政部门的监督。资产来源属于国家拨款或者社会捐赠、资助的，还应当接受审计机关的监督，并将有关情况以适当方式向社会公布。

第九十四条　全国学会注销登记、换届或更换法定代表人，必须依法接受财务审计。

第十节　变更

第九十五条　全国学会变更名称，须经会员（代表）大会表决通过；变更法定代表人须经理事会同意；变更住所、活动资金、业务范围等事项，须经理事会（常务理事会）同意。上述变更事项经中国科协相关业务部门同意后，到国家社会团体登记管理机关办理相关手续。

第四章　终止与清算

第九十六条　中国科协业务主管的全国学会由于分立、合并、自行解散或违纪违法等原因需要注销的，须经中国科协审查同意后，到国家社会团体登记管理机关申请注销登记。

第九十七条　中国科协业务主管的全国学会注销前，须在中国科协及有关机关的指导下，成立清算组织，清理债权债务，处理善后事宜。清算期间，不得开展清算以外的活动。

第九十八条　全国学会经国家社会团体登记管理机关办理注销登记手续后，即为终止。

第九十九条　中国科协业务主管的全国学会终止后的剩余财产，在中国科协和国家社会团体登记管理机关的监督下，按照国家有关规定，用于发展与学会宗旨相关的事业。

第五章　附　则

第一百条　本通则是全国学会制定章程的依据之一，适用于中国科协业务主管的全国学会和已经加入中国科协成为团体会员的全国学会。

第一百零一条　本通则经中国科协全国委员会通过实施。

第一百零二条　本通则的解释权归中国科协。

民政部关于印发《关于规范社会团体开展合作活动若干问题的规定》的通知

（民发〔2012〕166号　2012年9月27日）

各省、自治区、直辖市民政厅（局），各计划单列市民政局，新疆生产建设兵团民政局：

根据《社会团体登记管理条例》等有关法规和政策规定，我部制定了《关于规范社会团体开展合作活动若干问题的规定》，现印发给你们，请遵照执行。

民政部

2012年9月27日

关于规范社会团体开展合作活动若干问题的规定

第一条　为了进一步加强社会团体行为规范，维护社会团体正常活动秩序，规范社会团体开展合作活动，保护社会团体合法权益，制定本规定。

第二条　社会团体开展合作活动，是指社会团体作为独立法人与其他民事主体联合开展业务活动的行为。

第三条 社会团体开展合作活动，应当遵守相关法律法规和政策规定，符合章程规定的宗旨和业务范围，自觉接受登记管理机关、行业主管部门、有关职能部门的监督检查和社会监督。

第四条 社会团体开展合作活动，应当履行内部民主议事程序，根据章程规定和合作事项重要程度，分别提交会员大会（会员代表大会）、理事会（常务理事会）、会长办公会等讨论决定。

第五条 社会团体开展合作活动，应当签订书面合作协议，明确各方权利、义务，并切实履行职责。

第六条 社会团体开展合作活动，应当对合作方的资质、能力、信用等进行甄别考察，对合作协议内容认真审核，对合作项目全程监督。

第七条 社会团体开展合作活动，涉及使用本组织名称、标志的，应当在合作前对合作方进行必要的调查了解，并对合作内容做好风险评估。

社会团体同意合作方使用本组织名称、标志的，应当与对方签订授权使用协议，明确各方权利、义务和法律责任。

社会团体以“主办单位”“协办单位”“支持单位”“参与单位”“指导单位”等方式开展合作活动的，应当切实履行相关职责，加强对活动全程监管，不得以挂名方式参与合作。

社会团体将自身业务活动委托其他组织承办或者协办的，应当加强对所开展活动的主导和监督，不得向承办方或者协办方以任何形式收取费用。

第八条 社会团体不得将自身开展的经营服务性活动转包或者委托与社会团体负责人、分支机构负责人有直接利益关系的个人或者组织实施。

第九条 社会团体合作举办经济实体，应当经理事会研究讨论后提请会员大会（会员代表大会）表决通过，其经营范围应当与社会团体章程规定的宗旨和业务范围相适应。

社会团体应当在资产、机构、人员等方面与所举办经济实体分开，不得利用所举办经济实体向会员或者服务对象强制服务、强制收费。

社会团体和所举办经济实体之间发生经济往来，应当按照等价交换的原则收取价款、支付费用。

社会团体应当加强对所举办经济实体财务情况的监督，并定期向会员大会（会员代表大会）、理事会报告相关情况。

第十条　未经社会团体授权或者批准，社会团体分支机构（代表机构）、专项基金管理机构不得与其他民事主体开展合作活动。经授权或者批准开展合作活动的，应当使用冠有所属社会团体名称的规范全称。

社会团体不得将其分支机构（代表机构）、专项基金管理机构委托其他组织运营。

社会团体不得向其分支机构（代表机构）、专项基金管理机构收取或者变相收取管理费用。

第十一条　社会团体与境外组织或者个人进行合作，应当遵守有关法律法规和外事管理规定。

第十二条　社会团体应当加强合作活动的财务管理，严格按照《中华人民共和国会计法》等法律法规以及《民间非营利组织会计制度》等规定，如实进行会计核算，将全部收支纳入单位法定账册。

第十三条　社会团体开展合作活动，还应当遵守以下规定：

（一）不得超出章程规定的宗旨和业务范围开展活动；

（二）不得以任何形式或者名义强制其他组织或者个人参加，不得强制收取相关费用；

（三）未经批准，不得举办评比达标表彰活动；

（四）与党政机关或者其他组织举办合作项目，应当事先征得合作方同意；

（五）利用党政机关领导干部个人名义进行宣传，应当征得本人同意。

第十四条 社会团体在接受年度检查时，应当向登记管理机关报告上一年度开展合作活动的情况。

中国科协所属全国学会分支机构管理办法（试行）

（科协办函学字〔2016〕246号　2016年10月14日）

为贯彻落实《科协系统深化改革实施方案》，指导全国学会、协会、研究会（以下简称“全国学会”）进一步加强分支机构管理，规范全国学会分支机构活动，激发全国学会分支机构活力，推动全国学会分支机构发展，更好地发挥其在全国学会发展中的积极作用，依据国家有关规章制度，制定本办法。

一、总则

第一条　分支机构是全国学会根据开展活动的需要，依据业务范围的划分或者会员组成的特点而设立的专门从事本学会某项业务活动的机构，是全国学会的组织基础。

第二条　全国学会的分支机构可以称分会、专业委员会、工作委员会、专项基金管理委员会等。

第三条　全国学会的分支机构名称前应当冠以全国学会的全称，不得在名称中使用“中国”、“中华”、“全国”、“国家”等字样。

分支机构开展活动，应当使用全称，英文译名应当与中文名称一致。

第四条　分支机构接受全国学会理事会（常务理事会）的领导，不得另行制订章程，在全国学会授权的范围内开展活动。

二、基本原则

第五条 分支机构管理应坚持以下原则：

（一）坚持发展理念。全国学会应围绕国家重大战略部署、科技发展趋势、学科发展需求及自身工作需要等开展分支机构设立、调整工作。

（二）依章依规管理。全国学会设立、变更和撤销分支机构应当经学会理事会（常务理事会）充分酝酿讨论，履行民主程序通过，以会议纪要形式记录在案。学会要妥善保存原始资料。

（三）明确学会法人主体。全国学会的分支机构不具有法人资格，其法律责任由设立该分支机构的全国学会承担。

三、日常管理

第六条 全国学会须认真执行国家相关规定，制定科学合理的分支机构管理办法和考核评估体系，明确分支机构的设立、变更、终止、撤销等条件和程序，及时准确把握分支机构工作情况。

第七条 分支机构的设立应具备下列条件：

（一）名称规范，不与已设立的分支机构业务范围、名称相同或相似，不得以各类法人组织的名称命名，不冠以行政区划名称，不带有地域性特征；

（二）有学术带头人和一定规模的专家学者群体；

（三）有符合全国学会章程所规定的业务范围；

（四）能在授权范围内独立开展相应的业务活动；

（五）有固定的住所；

（六）有合法和相对稳定的经费来源。

第八条 全国学会理事会（常务理事会）决定分支机构的设立和

人员组成。分支机构主要负责人任职年龄一般不得超过70周岁，连任不得超过两届。

公务员、参公管理人员、军人等兼任全国学会分支机构负责人的，应按有关干部人事管理规定进行审批。

第九条 全国学会不得将其分支机构委托其他组织运营，不得以设立分支机构、代表机构的名义收取或变相收取管理费、赞助费等。

第十条 全国学会应将分支机构的财务、账户纳入本会统一管理。分支机构不得开设银行基本账户。以分支机构名义举办的会议、展览、培训等各类活动所发生的经费往来，必须纳入学会法定账户统一管理，不得进入其他单位或个人账户。

第十一条 未经全国学会授权或者批准，其分支机构不得与其他民事主体开展合作活动。

第十二条 有条件的全国学会分支机构可以成立党的基层组织，归学会党组织领导。

第十三条 全国学会要积极支持分支机构的能力提升和创新发展，鼓励分支机构结合自身特点开展活动。

四、监督处罚

第十四条 全国学会应及时将分支机构情况及调整变化情况向中国科协报备并向社会公布。中国科协将适时向社会公开所属全国学会分支机构的简介、负责人、住所、设立程序、活动内容等基本信息，接受社会监督。

第十五条 全国学会要加大对所属分支机构的监管力度，建立“有进有出、优胜劣汰”的动态调整机制，对违法、违规开展活动的分支机构，视情节轻重，可采取警示告诫谈话、责令整改、撤换主要负责人、暂停其活动等措施进行纠正；对不能按要求纠正的分支机构可按学会有关规定进行撤销。

第十六条 中国科协将全国学会分支机构管理情况纳入全国学会考核评价指标体系，依据《中国科学技术协会章程》，对分支机构管理混乱、造成不良社会影响的全国学会，给予限期整改、警告或撤销中国科协团体会员资格等处罚。

第十七条 全国学会可依据本办法制定各自的管理办法。全国学会代表机构可参照本办法管理。

第十八条 本办法由中国科协学会学术部负责解释，自发布之日起施行。